운동습관이
공부습관을 이긴다

아이를 바꾸는 운동의 놀라운 힘!

운동습관이 공부습관을 이긴다

이평원 지음

한국경제신문*i*

운동습관이 공부습관을 이긴다

"아이가 걷기 시작하면
놀이터에서 뛰어놀게 해야 한다!"

나는 오랫동안 어떻게 하면 운동을 잘 가르칠 것인가를 연구하고 공부했다. 특히 아이들을 잘 가르치고 싶었다. 똑똑한 아이가 아니라, 똘똘한 아이로 성장시키고 싶었다. 그래서 많은 책을 읽고, 박사학위까지 받으며 연구하고 공부를 했다.

하지만 많은 부모들은 한창 아이들이 뛰어놀아야 할 시기에 안전과 위험성 때문에 집에서 아이들이 스마트폰을 보면서 지내게 한다. 공부습관은 많은 책과 자료들이 나와 있는 실정이다. 하지만 아이들의 공부습관을 잡기 전에 운동습관을 가지게 하는 것이 중요하다. 특히 운동은 공부를 더욱더 오랫동안 할 수 있도록 도와줄 뿐 아니라, 우리 아이에게 세상을 살아가는 큰 힘을 내게 한다. 나는 그래서 우리 부모들에게 내 자녀의 어린 시절이 얼마나 소중한지 이야기하고 싶다.

공부습관보다 훨씬 쉬운 운동습관 들이기

아이들이 초등학교 가기 전에 놀이터에서 많이 놀게 해야 한다. 놀이터 놀이는 신체의 모든 근육을 발달시키고, 운동신경의 향상을 가져온다. 하지만 현실은 초등학교 가기 전부터 아이들의 무한한 성장을 가로막는 학습만 시키고 있다. 운동습관은 공부습관보다 가르치기가 쉽다. 왜냐하면 보통 습관을 잡는 20여 일만 규칙성을 가지고 지도하면 운동습관은 잡을 수 있다. 이러한 운동습관을 잡고 나서 공부습관도 교육한다면 보다 쉽게 교육시킬 수 있을 것이다. 운동과 시합을 통해서 이기고 지는 법을 지속적으로 연습해야 한다. 마음의 상처가 생기고 치유되며 극복하는 과정에서 아이는 한 단계 더 성숙하고, 자신감 넘치는 아이로 성장한다. 만약 이러한 과정을 어릴 때 경험하지 못한다면 아이는 스트레스에 힘들어 하고 쉽게 포기하는 성인으로 성장할 가능성이 있다. 그래서 무엇보다 어린 시절에 하루에 1시간 운동하는 법, 스트레칭 하는 법, 몸 쓰는 법을 배워야 한다.

스마트폰 시대에 아이에게 필요한 운동은 따로 있다

남자와 여자의 운동이 다르다. 남자아이들은 적극적인 운동이 좋다. 적극적인 운동이란 자기 스스로 하는 운동이다. 놀이터에서 자기가 하고 싶은 운동을 하는 것이다. 미끄럼틀을 타고, 그네를 타며, 뛰고 넘고 하는 자기가 원하는 운동을 실컷 하는 것이다. 점프하고 철봉에 매달리고 정글짐을 통과하는 대근육 위주의 운동을 시키는 것이 좋다. 유치원 때는 남자아이의 남성성이 시작되는 단계다. 남자아이는 백만 년 전부터 산업화가 시작되기 전까지 아빠를 따라서 사냥감을 구하기 위해 먼 거리를 뛰어다녀야 했다. 농경사회가 되면서부터는 어린 나이지만 농사일에 손을 보태야 했다. 부모들은 알아야 한다. 남자아이는 충분한 운동을 통해 아이의 원래 본성을 가질 수 있게 된다.

여자아이들은 처음부터 적극적이고 부딪치는 운동보다는 혼자서 할 수 있는 운동, 줄넘기, 스트레칭, 요가, 스포츠 클라임, 자전거 타기, 인라인스케이트, 스키, 보드 같은 운동이 좋다. 자신이 먼저 이해하는 운동이 더욱더 좋다. 만약 집에서 할 수 없다면 어린이 스포츠클럽, 수영클럽, 태권도장을 추천한다. 이런 곳에서는 자세한 설명을 해주고, 아이들을 충분히 이해시키고 운동을 가르칠 수 있는 전문적으로 교육을 받은 선생님들이 많이 있기 때문이다.

아이의 미래가 달라지는 운동습관의 놀라운 효과

아이들은 단체생활을 힘들어 한다. 요즘은 형제, 자매들도 많지 않아 혼자서 생활하는 친구들이 많다. 집에서는 핸드폰 게임, 컴퓨터 게임 등 혼자서 충분히 즐길 수 있는 놀이들이 많이 있다. 그러다 보니 아이들이 어울려서 하는 놀이와 몸을 움직이는 게임 같은 것을 잘 안 하려는 성향을 보이기도 한다. 하지만 개인주의가 강한 아이일수록 운동을 시켜야 한다. 개인 성향이 강할수록 단체생활을 힘들어 한다. 하지만 단체운동을 하다 보면 처음에는 잘 나타나지 않지만, 시간이 지날수록 개인적인 성향은 줄어들고, 팀원으로 적응해간다. 팀플레이를 하며, 팀에 보탬이 되고, 팀을 응원하며, 팀에 누가 되지 않도록 행동한다.

따라서 개인주의 성향이 높은 친구는 단체운동을 시켜야 한다. 아이를 독불장군이 되지 않도록 가르쳐야 한다. 단체생활을 경험하게 하고, 인간사회의 규칙과 규율을 익히는 것이 좋다. 조금 불편해도 기다려야 하고, 배려하지 않으면 힘들며, 내가 잘못하지 않아도 다 같이 책임을 지는 것을 어릴 때 배워야 한다. 이러한 단체생활을 배우기 좋은 운동으로 축구, 농구, 태권도 시범단 같은 것이 있다. 단체운동과 생활에서 나만 생각하는 개인주의를 벗어나, 위계질서와 예의를 몸소 배우게 된다. 좋은 것을 양보하는 정신이 생겨 서로를 챙겨주는 사랑의 마음도 생긴다. 외동이거나 형제가 많지 않은 아이들일수록 단체운동의 긍정적인 영향력이 크다.

감정을 다스리는 놀라운 회복력도 운동습관에서 나온다

다양한 감정을 절제하고, 성공과 실패의 경험을 통해 빠르게 자신의 감정을 회복하는 힘은 운동을 통해서 경험해야 한다. 그릿(Grit) 지수도 결국에는 끈기와 감정의 회복력이다. 온실에서 자란 화초는 비바람을 맞으며 견딘 화초보다 쉽게 외부의 환경에 의해 좌지우지된다. 우리 아이들도 마찬가지다. "오냐. 오냐" 키운 자녀는 실패를 두려워하며, 엄마에게 실수하는 모습을 보이기 싫어 거짓말과 눈치를 보는 아이로 성장하게 된다. 하지만 아이가 부모의 적극적인 지지를 받고 운동과 시합을 통해서 성공과 실패를 부담없이 즐긴다면 아이의 회복력은 최고조로 올라갈 것이다. 실패해도 일어서는 아이, 성공해도 겸손하며 다시 앞으로 나아가는 아이로 성장시키려면 부모는 아이에게 운동을 시켜야 한다.

인성 교육은 운동을 통해 시키는 것이 최고다

운동을 시켜 보면 아이의 모든 것이 나온다. 특히 몸으로 하는 운동은 아이의 본성이 다 드러나게 된다. 성격도 나타나고, 성향도 예측할 수 있다. 또한 시합을 경험하면 극한 상황을 보게 된다. 15세기 유럽인들은 일본에 가서 아이들이 아이들 같지 않다고 느꼈다. 왜 그럴까? 바로 내전 때문에 어른들이 전쟁하는 모습을 지켜보면서 아이들답지 않게 성숙해버렸기 때문이었다. 아이들이 점점 약해져가는 현실에서 결여된 남성성과 아이로서의 미숙함은 운동과 시합을 통해서 배울 수 있다. 운동하는 모습을 보고 따라 하는 과정에서 학습이 자연스럽게 이루어진다. 동생이 형을 보고 배우는 것처럼 말이다. 말로 하는 인성 교육과 태도 교육이 아닌, 운동시간을 통해서 자연스럽게 배우게 된다. 운동을 하면 아이의 행동이 수정되고, 성격도 좋아지며, 삶이 건강하고 풍요로워진다. 부모는 아이에게 무엇을 교육하고 주어야 하는가? 바로 운동하는 아이로 키워야 한다.

지금 이 시간에도 아이들이 놀라운 회복력을 키울 수 있도록 운동을 전파하고 가르치는 모든 지도자들, 아이의 운동습관을 제대로 키워주고 도와줘야 할 엄마, 아빠에게 이 책을 바친다.

이평원

차례

1장. 똑똑한 부모는
운동습관을 가르친다

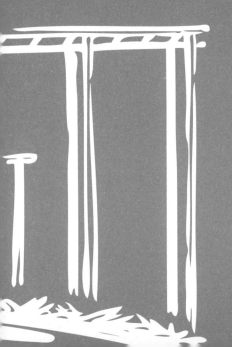

똑똑한 아이들의 운동은 선택이 아니라 필수다

20년간 아이들에게 태권도를 가르치면서 느낀 것은 공부를 잘하는 아이들은 운동도 잘한다는 것이다. 운동과 공부는 같은 것을 지속해서 반복해야 하는 메커니즘을 가지고 있다. 운동을 잘하려면 기본적으로 하루에 몇 시간씩 꾸준히 운동해야 한다. 운동 중간마다 시합을 나간다. 시합을 통해서 자신의 실력을 검증하고 훈련 계획을 수정한다. 시합을 통해 동기부여를 받는다. 목표를 설정한다.

공부도 마찬가지다. 공부를 잘하려면 반드시 공부 총량이라는 것을 가지고 있어야 한다. 즉 하루의 공부 양이 중요하다. 중간고사, 기말고사를 통해서 그동안 공부한 것을 검증하게 된다. 시험으로 동기부여를 받으며, 목표도 설정한다. 이래서 공부와 운동은 비슷한 메커니즘을 가지고 있다. 또한 공부도 머리가 좋은 천재가 있고, 운동도 선천적으로 운동신경이 뛰어난 천재들이 있다. 천재들이 노력한다면 세상은 많이 달라질 것이다. 하지만 천재들은 노력이라는 것을 하기가 쉽지 않은 것이 현실 세상이고, 인간이기에 어려운 것 같다는 생각이 든다. 결국 공부와 운동은 노력이라는 것이 들어가야지만 똑똑한 아이들이 되는 것이다. 공부를 오랫동안 하려면 운동을 해야 오래 버틸 수 있는 근육이 만들어진다.

지속해서 반복한다는 것은 몸에 배어 있는 습관과도 같다. 목표가 있는 운동선수들은 어릴 때부터 강도 높은 훈련을 반복해오며 일상생활 안에 이미 운동이라는 한 카테고리가 깊숙이 자리하고 있다. 그런데 이것은 운동선수들에게만 필요한 습관이 아니다. 직업, 성별, 나이와 상관없이 삶의 질을 높인다. 윤택한 하루하루를 살기 위해서는 적정량의 운동은 꾸준하게 필요한 것이다. '양치를 안 하면 이가 상한다'라는 말을 어렸을 때부터 부모님에게서 듣고 학습이 되어 우리는 죽을 때까지 이를 닦는다. 운동도 같은 맥락이라고 보면 된다.

공부하는 사람들이 자주 하는 말 중에 '공부는 엉덩이로 한다'라는 말이 있다. 공부할 때 오래 앉아 있는 노력과 끈기가 중요하다는 말이다. 공부도 긴 시간을 들이는 노력과 인내가 필요하다. 책상에 오래 앉아 있지 못한다면 결국에는 공부를 잘하는 아이가 될 수 없다. 책상에 오래 앉아 있지 못하는 아이에게는 대근육 위주의 전신운동을 권한다. 대근육운동이란 달리기, 놀이터 놀이, 철봉운동이 있다. 특히 허리근육을 강화하기 위해 코어근육, 허리근육 주위를 강화해야 한다. 공부를 오래 지속할 힘은 바로 몸의 근육을 골고루 발달시키고 허리근육과 엉덩이근육이 단단해야 가능하다.

민족사관고등학교 윤정일 교장선생님은 《스포츠는 세상을 바꾸는 힘이다》에서 "우리 민족사관고등학교의 교육 이념은 지덕체를 균형 있게 겸비한 인간을 기르는 것입니다. 그러나 만일 학교에서 한 가지 과목만 가르칠 수 있고, 한 가지 과목만 배울 수 있다고 한다면 나는 주저하지 않고 체육 또는 운동을 선택할 것입니다. 왜냐하면 건강은 지식보다 중요하고, 덕성보다 중요한 기본 요건이기 때문입니다. 지도자는 두뇌를 빌릴 수는 있으나 건강은 빌릴 수 없습니다. 운동을 잘하는 학생이 공부도 잘한다는 신념으로 학생들을 가르치고 있습니다"라고 말했다. 이처럼 대한민국에서 공부를 가장 많이 하는 민족사관고등학교에서 왜 아이들에게 운동을 습관화시키고 태권도, 검도를 매일 시키는 것일까? 바로 아이들이 똑똑하게 성장하려면 운동은 선택이 아닌 필수가 되어야 하기 때문이다. 시간이 없어서, 일 때문에, 공부 때문에 여러 이유로 운동을 못한다는 것은 우리 몸에 부끄러운 핑계가 되는 것이다. 일 또는 공부를 해야 해서 체력이 필요하고, 그 체력을 키우기 위해 시간을 내어 하는 운동은 선택이 아닌 필수다.

내가 가르치는 아이 중에 창수라는 친구가 있는데, 이 친구는 초등학교 때부터 책을 많이 읽는 아이다. 중학교에 가서는 전교에서 5등 안에 드는 상위권 학생이다. 하루는 창수 어머니께서 공부 성적은 전교 1등인데 체육 점수가 낮다고 하셨다. 그래서 나에게 아이를 보내라고 조언을 해주고, 매일 운동을 시키고 있다. 창수의 상태를 보니 움직이지 않아서 비만이고, 배가 많이 나왔다. 유연성도 부족하며, 특히 허리근육인 척주기립근 발달이 적어서 척추측만증도 있다. 현재 운동은 유산소운동과 근력운동, 그리고 코어운동을 집중적으로 시키고 있으며, 매일 줄넘기와 태권도를 시키고 있다. 이처럼 창수가 지금은 공부를 잘하지만 운동습관을 제대로 배우지 않으면 공부를 더 오래 해야 할 시기인 고등학교에 가서는 힘들어질 수 있다.

딸 유림이는 초등학교 때 태권도를 선수를 했다. 2017년 전국어린이 태권왕 대회, 2017년 카뎃 국가대표 선발전 등 태권도 엘리트 선수 교육을 받은 아이다. 유림이는 초등학교 시절 내내 하루에 1~2시간 운동을 해서인지 자신감이 넘치고 밝은 아이다. 초등학교에서는 전교회장을 했고, 현재 중학교에서도 전교회장을 하고 있다. 공부도 열심히 하고 운동도 열심히 한다. 규칙적인 운동을 하다 보니 나보다 더 체력이 좋다. 5~10km 달리기, 한강 자전거 타기 등 같이 운동을 하면 내가 유림이를 따라잡지를 못한다. 저녁에 늦게까지 공부를 하고 아침에도 일찍 일어나는 좋은 습관을 지녔다. 운동의 힘이다. 여자아이들이 운동해야 하는 이유도 여기에 있다. 여자아이들이 운동을 멀리한다고 안 시키면 아이가 성장해서 어른이 됐을 때도 운동을 좋아하지 않는다.

요즘 다이어트 시장을 보면 2013년에 7조 원대로 추산되던 다이어트 산업이 2018년 말 10조 원으로 커졌다.[1] 이처럼 여성들의

---

1. 〈머니S〉 제574호(2019년 1월 8~14일).

운동에 대한 지출이 10조 원 규모지만, 주위를 살펴보면 아직도 여성들은 운동을 체계적으로 접하지 못한다. 단순히 걷기, 등산 정도의 운동만 하는 실정이다. 이것이 다 어린 시절에 운동을 제대로 해보지 못했기 때문에 이러한 현상이 일어난다. 어린 시절에 운동한 아이들은 자연스럽게 어른이 되어도 운동을 한다.

운동을 열심히 하면 우리 몸에 여러 가지 변화가 생긴다. 면역력이 좋아지면서 혈액순환이 개선되고, 노폐물이 배출되며, 호르몬이 균형을 이뤄 건강에 도움이 된다. 꾸준한 운동이 지속되면 면역력도 좋아진다. 운동하면 기분이 좋아지고 행복감을 느끼게 된다.

코로나 상황으로 인해 엄마들에게 제일 많이 받은 상담이 아이들이 움직이지를 않아서 스트레스가 많아지고 엄마랑 자주 싸운다는 것이었다. 나는 딸과 함께 자전거를 타고 한강까지 자전거 타기를 자주 했는데, 하루는 딸이 "아빠, 저는 자전거를 타고 1시간을 달리면 스트레스가 다 풀려요"라고 말했다. 그래서 시간이 날 때마다 자전거를 타라고 이야기를 해줬다.

우리 몸에서 분비되어 행복감을 느끼게 하는 호르몬에는 여러 가지가 있는데, 대표적으로 엔도르핀과 세로토닌을 들 수 있다. 운동을 하면 엔도르핀과 세로토닌 호르몬이 평상시보다 증가한다. 엔도르핀은 뇌에서 분출되어 기분을 좋게 하고 통증을 감소시키는 기능을 하며, 세로토닌은 행복감을 느끼게 해서 불안과 우울을 치료하기 때문에 '행복 호르몬'으로 불린다. 세로토닌은 우리 몸과 두뇌의 균형을 유지해주고, 부족해지면 두통, 우울감, 불안감, 스트레스가 생긴다. 이러한 호르몬의 변화를 좋은 긍정의 에너지로 상승시키고, 스트레스를 해소하려면 어릴 때부터 반드시 운동을 시켜야 한다. 운동은 우리 아이들을 바르게 성장시키는 마법과도 같다.

초등학교 가기 전
반드시 운동습관을 길러라

'어린 시절의 운동습관은 평생 건강을 좌우한다'라는 말이 있다. 이처럼 어린 시절에 만들어 놓은 습관은 인생에 큰 영향을 미친다. 습관에는 여러 종류가 있다. 식습관, 생활습관, 운동습관이 있다. 바른 식습관은 좋은 음식을 찾아서 먹는다든지, 거친 음식을 먹는 것이다. 어린 시절에 먹은 음식은 커서도 먹는다. 어린 시절에 여러 음식을 먹고 경험하면, 어른이 되어서도 먹을 수 있는 음식들이 많아지며, 삶이 풍요로워진다. 인스턴트 음식이나 단맛에 길들여지면 어른이 되어서도 이른바 '초딩' 입맛을 가지게 된다. 한편 생활습관에 따라서 바른 자세와 건강한 정신을 가질 수 있지만, 생활습관이 불규칙해 몸무게가 늘어난다든지 체형이 바르지 못할 수 있다. 운동습관도 어린 시절에 운동을 많이 접해본 친구들이 운동을 쉽게 접근하고 즐길 수 있다. 하지만 어린 시절에 자주 접하지 못하면 운동을 직접 하는 것보다 구경하는 삶을 산다.

성환이라는 아이는 어릴 때부터 여행사를 하는 부모 영향으로 영어유치원을 다녔다. 어린 시절을 공부하느라 뛰어다니며 놀지를 못했다. 그래서 영어는 잘하지만, 학교에서 교우관계도 어려워한다. 특히 운동할 때 친구들과의 관계가 힘들다고 한다. 운동을 안 해봐서 체력이 약하다. 부딪치는 것도 싫어한다. 만약 우리 성환이를 유치원 시절에 영어유치원 가는 만큼 운동을 시켰으면 이 친구는 지금보다 학교생활과 교우관계가 좋아서 즐거운 학교생활을 했을 것이다.

몇 년 전에 활성화됐던 체육센터의 유아체능단도 좋은 유아학교다. 나의 제자 중 체능단 출신이 몇몇 있는데, 이 아이들은 공부도 잘하고 운동능력도 탁월해 학교생활과 교우관계도 좋다. 요즘은 왜 영어유치원만 많이 가고, 유아체능단은 많이 없는지 답답한 노릇이다.

도장에서 상담을 하다 보면 할머니가 아이를 데리고 오는 경우가 종종 있다. 아빠, 엄마가 맞벌이를 하다 보면 자연스럽게 아이가 할머니, 할아버지 손에 길러지는 경우가 있다. 이런 아이들은 소중한 아이다 보니 할머니, 할아버지와 주로 집에서 생활한다. 밖에는 자주 못 나가고 집에만 있다 보니 활동이 제한적일 수밖에 없다. 이처럼 활동이 적은 친구들은 운동을 배우는 속도와 협응력, 공간지각 능력이 떨어진다. 학교에 가도 체육시간에 잘 따라 하지 못하는 경우가 있다. 놀이터에서 많이 논 아이들은 운동능력도 뛰어나면서 쉽게 운동을 접하고 이해속도도 빠르다.

도장에 다니는 이철이는 할머니가 키우는 2대 독자다. 어찌나 소중한 손자인지 매일 할머니, 할아버지가 아이의 운동하는 모습을 지켜보고 데리고 가신다. 머리가 똑똑하고 밝은 아이지만, 태권도 시간에 품새를 외우고 뛰고 달리는 것을 힘들어 한다. 특히 아이들과 게임 할 때도 잘 적응하지 못한다. 운동능력이 잘 따라주지 못한다. 초등학생이지만 학업도 중요시한다. 이철이가 공부하기보다 놀이터에서 더 뛰어놀길 기대한다.

　초등학교 가기 전 유치원이나 어린이집을 다닐 때 반드시 놀이터에서 많이 놀려야 한다. 놀이터에서 많이 뛰어다닌 아이들은 그네 타기, 미끄럼 타기, 시소 타기, 달리기, 술래잡기 등 다양한 운동을 통해 자연적으로 고유수용감각이 발달하게 된다. 이런 여러 가지 신체놀이를 통해 아이의 협응력도 좋아지게 되어 초등학교 때 체육수업을 잘 따라 하게 된다. 체육수업에 잘 참여하는 아이는 학교생활도 즐겁고 신나게 할 수 있게 된다.

　《IQ와 EQ를 높이는 86가지 스포츠 이야기》에서는 "스포츠의 반복이 머리의 회전을 좋게 한다. 아이가 성장함에 따라 대뇌 속의 신경세포의 수가 계속 뻗어 나가서 최절정에 이르는 것은 10세 무렵이며, 이 무렵이 지나 나이가 들면 수가 점점 줄어든다"라고 했다. 얼마나 운동이 중요한 부분을 차지하고 있는지를 말해주는 글이다. 직접 아이들을 가르쳐 보면 느낀다. 어릴 때 운동을 많이 한 아이들은 운동의 이해속도와 받아들이는 자세가 다르다는 것을 운동을 지도하는 지도자들이라면 다 알 것이다.

남자아이들은 무술도장, 스포츠 교실, 태권도장, 어린이 수영장, 농구 교실 등 집 주위에 운동을 할 수 있는 곳이 많이 있다. 또한 활동적이라서 운동을 쉽게 접하게 된다. 하지만 여자아이들은 이런저런 걱정 때문에 운동을 잘 시키지 않는 편이다. 여자아이들은 놀이터에서 놀기는 잘하지만, 운동을 체계적으로 배우는 것을 힘들어 할 수 있다. 그래서 우선 아이가 좋아하는 발레, 댄스 스포츠 등 몸으로 움직일 수 있는 운동을 시킨다. 남자아이와 여자아이 모두 운동을 체계적으로 배울 수 있는 7세쯤에는 축구, 농구, 태권도 같은 단체로 배우는 운동을 시키면 학교생활을 잘 적응할 수 있을 것이다.

《움직임의 힘》에서 성인을 대상으로 실험을 했는데, 꽤 활동적인 성인들에게 일정 기간 동안 몸을 많이 움직이지 못하게 했더니 행복감이 줄어드는 결과가 나왔다. 규칙적으로 운동하는 사람들을 2주 동안 앉아서 지내게 하자 불안해하고 짜증도 많이 부렸다. 성인에게 임의로 일일 보행 수를 줄이게 하자 88%가 우울해졌다고 한다. 또한 5,649보만 걸으면 불안과 우울증이 생기고, 삶의 만족도가 떨어진다고 밝혀졌다.

최근 코로나로 인해서 많은 아이들이 집에만 생활하면서 스트레스를 받고 있다. 아이들이 체중이 늘고 핸드폰 게임만 해서 학업 성취도 및 모든 면에서 떨어진다는 뉴스가 있었다. 머리가 좋은 아이로 기르는 가장 손쉬운 방법은 어린 시절에 운동을 가르치는 것이다. 운동은 대뇌의 활성에 영향을 미친다. 첫째, 행동을 일으키는 근력과 순발력, 둘째, 행동을 지속하는 근지구력, 셋째, 행동을 정확히 하는 조정력, 민첩성, 평형성을 이야기한다. 넷째, 행동을 원활히 하는 몸의 유연성을 기르는 것이다. 초등학교까지는 근력보다 몸의 신경계가 발달하는 시기다. 이 시기에 자전거, 수영, 스키, 인라인스케이트, 스케이트 등 신경이 발달하는 운동을 하면 그 자극이 대뇌로 전달되어 뇌가 활성화된다.

요즘은 아이들이 아파트에서 차량으로 학원이나 집으로 이동하고 유치원에 간다. 모두 다 손에 스마트폰이 있어서 휴식시간에도 스마트폰을 가지고 게임을 하며 지낸다. 활동량이 현저히 떨어지다 보니 대뇌의 작용도 적게 작동하는 것이다. 이 시기에 공부만 하고 집에서만 지낸다면 두뇌활동밖에 못하게 되므로 우수한 대뇌의 발달은 이뤄지지 않을 것이다.

어린 시절에 밖에서 많이 뛰어다니고 운동을 해야 한다. 운동습관을 제대로 배워야 한다. 그래야 아이들이 성장해서 제대로 된 운동습관을 가지며 윤택한 삶을 살 수 있다. 어릴 때 운동을 배운 아이들은 항상 몸 풀기를 하면서 운동을 시작한다. 준비운동, 본운동, 정리운동순으로 말이다. 그러나 대부분의 아이는 운동하기 전 몸 풀기를 하지 않고, 바로 운동을 접하게 된다. 그렇게 되면 발목이 약한 아이는 쉽게 인대 손상이 온다. 준비운동을 한다고 해서 부상이 적고 다치지 않는 것은 아니다. 외국 논문에서도 운동선수들을 대상으로 한 실험에서 준비운동이 꼭 상해를 예방하지는 않는다고 한다. 하지만 준비운동은 신체적, 정신적으로 준비를 하게 한다. 운동 전에 몸과 마음을 준비시켜 결국에는 수행을 향상시키고, 운동의 위험성을 감소시킬 수 있다.

야외수영장을 가면 운동을 배운 아이들은 스스로 몸 풀기를 하고 수영을 하러 간다. 하지만 운동을 배우지 않은 아이들은 물놀이부터 시작하려고 한다. 이러한 습관들이 어린 시절에 운동을 배워야 하는 이유다. 현명한 부모는 초등학교 가기 전에 아이를 반드시 운동시켜야 한다. 그것도 많이 시켜야 한다.

운동으로 만들어지는
좋은 인성

백인엄마와 흑인아버지 사이에서 태어난 미국 제44대 오바마 (Obama) 대통령의 이야기가 《스포츠는 세상을 바꾸는 힘이다》에 나온다. 오바마의 '매일 운동'은 오늘날까지 이어져 그의 인생을 송두리째 바꿨다. 오바마 대통령에게 있어 운동은 절대적이다. 운동하는 시간이야말로 다른 사람의 방해를 받지 않고 생각을 정리하며, 스트레스를 풀 수 있는 유일한 시간이다. 오바마에게 운동은 '자기변화'의 다른 이름인 셈이다. 오바마는 운동을 통해 자존감과 자신감, 배려, 극기 등을 갈고 가다듬었을 것이다. 마음 붙일 곳이 없었던 오바마는 운동을 통해 스트레스를 풀었다. 믿어주는 코치 선생님, 지도자들에게 마음의 문을 열어서 자신의 감정을 알아주고 자존감을 찾는 법을 스스로 배웠다.

현상이는 엄마, 아빠의 이혼으로 가정에서 제대로 돌봄을 받지 못하는 아이였다. 놀이터에서는 맨날 욕을 하며, 아이들과 싸움을 하고 지내는 사고뭉치 아들이었다. 어느 날 어머니께서 오셔서 "관장님, 우리 현상이를 잘 부탁합니다"라고 하셨다. 이 부탁을 받고 아이에게 더욱 관심을 두고 현상이와 먼저 상담했다. 나는 아이의 행동보다는 왜 그런 행동을 하는지 이유가 궁금했다. 그래서 조심스럽게 이야기를 꺼냈다. 현상이는 엄마, 아빠가 자주 다투고 아빠가 집에 들어오지 않은 것이 불만이라고 이야기했다. 그래서 나는 "현상아. 아빠, 엄마 인생은 아빠, 엄마 인생이야. 네가 할 수 있는 게 없어. 하지만 네 인생은 네가 할 수 있어. 그러니 네가 자신을 컨트롤해서 멋있는 사람이 돼라" 하고 조언을 해줬다. 그러고 나서 현상이를 태권도 겨루기 선수부에서 운동을 시켰다. 하루에 2시간씩 강한 훈련을 시켰다. 규칙적으로 하루, 이틀, 1년, 2년 운동을 시키니 아이의 스트레스가 자연스럽게 해소되고, 잠재된 폭력성도 줄었으며, 자신감은 늘었다. 운동을 통해 지도자가 자신의 행동보다는 감정에 관심을 두니, 자신의 감정을 표출하고, 훈련했던 것이 좋았던 것 같다. 지금은 중학교에서 학교생활을 잘하고 있다.

오랜만에 만난 성인 제자가 신경정신과에 다닌다는 이야기를 들었다. 사람을 만나는 영업일을 하는데, 사람들에게 상처받고 병원을 갔다고 했다. 의사선생님은 공황장애까지는 아니지만, 어릴 적부터 부모님 말씀에 따라 착하게 살아야 한다는 생각에 감정표현을 숨기고 살아서 '착한 아이 콤플렉스'라는 이야기를 하셨다고 한다. 착한 아이 콤플렉스란 부정적인 자신의 감정을 속이고, 타인의 말에 무조건적으로 순응하면서 착한 아이가 되려고 하는 것을 말한다.

요즘은 아이들이 욕을 많이 한다. 그런데 욕하는 사람이 나쁜 사람일까? 엄마들은 아이를 키우는 입장에서 무척이나 걱정하고 염려한다. 많은 부모들은 욕하는 사람은 나쁜 사람이라고 교육을 한다. 하지만 대다수의 부모들도 운전하거나, 부부싸움을 하면서 또는 무의식적으로 욕하는 모습을 보여주곤 한다. 그러면 욕하는 우리 부모님은 나쁜 사람인가? 욕을 하는 사람은 나쁜 사람이 아니다. 욕하는 것은 자연스러운 현상이다. 아이에게 먼저 가르쳐 하는 것은 욕을 하는 것이 나쁜 것이 아니라, 한번은 생각하고 해야 하고, 하지 말아야 곳에서 하면 안 된다고 가르쳐야 할 것이다.

욕하는 아이들도 운동 시작 전에 다른 아이들과 이야기를 통해 순화된다. 수업시간에 욕을 잘하는 아이들이 있으면 그 아이를 수업시간에 불러서 이야기하게 한다. 친구들 앞에서 "당당하게 네가 하고 싶은 욕 다 해봐"라고 이야기하면, 대부분의 아이는 친구 앞에서 욕하는 것을 부끄러워 한다. 이때 같이 구경하는 아이들과 약속을 지키게 한다. 선생님과 손으로 약속을 하면서 욕을 하지 않겠다고 교육하면 아이들은 금방 수정된다. 부끄러움을 아는 아이들은 다음부터 절대 욕을 하지 않는다.

태권도에서는 배려 교육이 있다. 배려는 강한 사람이 약한 사람을 도와주라고 교육하는 것이다. 특히 겨루기 연습을 할 때 주로 하는 교육인데, 실력이 높은 아이가 약한 친구를 상대로 배려하면서 서로의 합을 맞추라고 이야기한다. 고학년 아이에게 저학년 아이를 상대로 배려하면서 연습하라고 이야기해주면 쉽게 이해한다. 겨루기 훈련은 나를 알고 상대를 이해하고 올바르게 바라보는 지피지기 능력을 키우는 훈련이기도 하다. 나의 장점과 약점을 명확히 인지하는 능력은 겸손이 되고, 상대와 함께 호흡을 맞춰가며 공방하는 것은 상호존중과 협력의 정신이 된다. 겨루기 훈련 중 상대를 다치지 않도록 힘을 조절하는 능력, 자칫 실수로 상대를 차게 되면 정중히 고개 숙여 사과하는 예의, 성내지 않고 함께 고개 숙여 사과를 받아줄 아량이 자기 절제, 극기의 훈련이다.

운동하면서 아이들이 몸으로 배우고 느끼는 인성 교육을 해야 한다. 열심히 하는 친구들을 응원해주는 것, 나보다 못하는 친구들을 도와주는 것, 함께 연습하면서 친구를 배려하며 도와주는 것, 이런 교육은 실내에서 말로 하는 교육이 아닌, 밖에서 뛰고 달리며, 반드시 배워야 하는 인성 교육이다.

얼마 전 수업을 하고 있는데, 갑자기 급한 전화가 왔다. 주언이 엄마에게 전화가 왔는데 집으로 빨리 와 달라는 것이었다. 도복을 갈아입고 집으로 가니 주언이랑 엄마가 울고 있었다. 자초지종을 들어보니 아이가 학습지 선생님을 핸드폰을 못 하게 했다고 막 때렸다는 것이다. 그래서 선생님도 울고, 엄마는 그 광경을 보고 너무 속상해서 나를 부른 것이다. 주언이는 현재 신경정신과에 다니고 있는데, 흥분했을 때 분노를 조절하지 못한다고 했다. 그래서 아이랑 둘이서 이야기를 했다. 아이는 "선생님이 핸드폰을 뺏어가서 자기도 모르게 흥분했다"고 했다. 그래서 "원래 너는 좋은 아이인데, 운동도 안 하고 체중이 늘어나니 기분이 우울해진 거야. 이제 살부터 빼자"고 했다. 주언이 자신도 그렇게 하겠다고 해서 요즘은 우리 도장 선수부 운동을 2시간씩 운동하고 있다. 살도 빠지기 시작하고, 스트레스를 푸니 아이는 점점 활기차고, 엄마도 아이가 변하고 있다고 좋아하신다.

이처럼 운동은 아이들이 가지고 있는 다양한 성격을 바르게 성장할 수 있도록 돕는다. 많은 부모가 운동을 그냥 스트레스만 풀게하는 것이라고 생각한다. 하지만 그 부모들도 운동 동호회를 가면 스트레스만 풀지 않는다. 동호회에서 사회성도 배우며, 친구들과사교도 하고, 동호회에서 배우는 것이 더 많을 때도 있다. 이처럼우리 아이들도 운동 동아리와 스포츠클럽, 태권도장을 통해서 친교의 시간을 가지고, 힘든 것을 이겨내는 과정에서 인성 교육도 배울수 있다. 그런데 왜 운동을 안 시키는가? 아이들은 운동을 더 많이시켜야 한다.

뇌를 튼튼하게 하는 운동

《세로토닌 하라》에서 이시형 박사는 운동은 '낙관 회로가 만들어내는 놀라운 긍정의 마법'이라고 했다. 뜀틀을 넘을 때도 뇌의 전두엽에서는 모든 것을 판단해 넘을지, 포기할지를 결정한다고 한다. 낙관 회로를 가진 아이는 뇌에서 "예스"라고 하고 실제 뜀틀을 힘차게 달려 뛰어넘는다. 이렇게 뛰어넘는 순간 도파민, 세로토닌이 펑펑 쏟아진다. 이렇게 작은 성공이 큰 성공을 부른다. 운동을 하면 하루에도 많은 성공과 실패를 거듭한다. 운동을 배우다가도 어려운 동작이 나오면 포기하는 아이들도 있다. 또한 실패해도 다시 도전하는 친구들도 있다.

몇 해 전 겨울, 아이들을 데리고 스키장에 갔다. 오후에는 스키를 배우고, 야간에는 자유 스키를 탔다. 스키학교 선생님께서 오후에 배운 것을 복습하라고 이야기를 해주고는 다른 아이들을 지도하러 가셨다. 아이들은 제각기 보드를 타고 있다가 포기하고 놀고 있는데, 동일이는 혼자서 계속 연습하고 있었다. 넘어지고 또 넘어져도 일어나서 보드를 들고 위로 가서 내려오기를 2시간가량 혼자서 하는 것이었다. 그러다 옆에 있는 아저씨랑 친구가 되어서 서로 물어보고 교정해주면서 연습했다. 2시간 후 아이는 혼자서 리프트를 타고 슬로프를 내려왔다. 그때 동일이라는 아이를 다시 보게 됐다. 아이가 스스로 보드를 타기 위해 쉬지 않고 연습하는 모습에 감동했다. 이 아이는 학교에서 공부도 잘하고, 운동도 잘한다. 무엇보다 자존감이 아주 높은 아이다. 엄마도 아이를 믿고, 아이에게 모든 것을 결정하게 한다. 운동의 실패와 성공은 아이들의 뇌를 튼튼하게 한다.

운동은 뇌세포를 만들어낼 뿐만 아니라 뇌 구조의 변화를 가져온다. 또한 뉴런과 같은 의사소통 조절 인자 신경전달물질의 균형을 유지하게 한다. 역기를 들면 근육이 형성되는 것과 마찬가지로 두뇌도 입력되는 정보에 따라 형태가 변하는 신체 기관이다. 그러므로 근육과 마찬가지로 뇌도 사용할수록 뇌세포 간 연결을 더욱 다양하고 견고하게 만든다. 다양한 정보에 따른 의사소통 통로가 만들어지는 것이다. 아이들에게는 단순한 체육 훈련보다는 시선이 변화되는 민첩성 훈련이 뇌의 창의력 발달에 더 효과적이다.[2]

우리 도장에서는 콤비네이션이라는 프로그램이 있다. 콤비네이

---

2. 이경옥외 5명, 〈체육 영재 아동의 체력요인과 창의력과의 관계〉 한국여성체육학회지 제 27권 제2호, 2013.

션이란 순발력, 민첩성, 협응력, 유연성 등 다양한 몸의 운동 기능을 좋게 하는 운동이다. 허들을 넘고, 터널을 통과하며, 사다리를 이용한 민첩성 훈련을 하고, 매트 위를 구른다. 이러한 운동은 아이의 신체 조정 능력을 향상시킨다. 그래서인지 우리 도장의 아이들은 새로운 운동을 배우는 데 적극적이다.

태권도 교육은 공간지각능력을 좋아지게 한다. 태권도 교육 중 기초체력, 체력 훈련은 아이들이 반드시 해야 하는 중요한 운동 프로그램이다. 태권도의 다양한 운동만큼 어린아이들에게 좋은 운동은 없는 것 같다. 지금이라도 당장 주위에 있는 태권도장으로 아이들을 보내 두뇌 발달과 뇌를 튼튼하게 하는 운동을 시키기를 바란다.

집에서도 쉽게 운동을 시킬 수 있다. 바로 동네에 있는 실내 놀이터를 가는 것이다. 실내 놀이터에는 트램펄린, 공놀이, 철봉, 그네 등 많은 놀이시설이 있다. 이런 색다른 운동은 아이들의 신경발달을 운동신경의 발달로 이어지게 한다. 실내 놀이터에서 뛰고 점프하며 넘어지고 일어서면서 인간의 원래 능력을 발달시키고 터득하게 된다. 그냥 아이들은 뛰어놀면 된다. 부모가 정해주고 같이 놀아주지 않아도 노는 것만으로도 아이의 뇌는 작동하며 창의적인 운동신경이 발달하게 된다.

우리 주변에 더 가까운 곳에는 놀이터가 있다. 요즘 놀이터에서는 색다른 운동기구와 놀이기구를 볼 수 있다. 이러한 놀이기구들은 아이들의 모든 기능을 향상시켜준다. 이 향상은 당연히 두뇌 발달도 가져온다.

딸 유림이는 초등학교 저학년 시절, 겨울방학이 되면 나를 따라서 스키장을 다녔다. 그때마다 잘 못 타고 여자아이라 겁을 먹어서 내가 안 가르치고 스키학교 선생님께 강습을 받게 했다. 그러고는 몇 년이 흐른 후 스키장을 갔는데, 난 당연히 아직도 못 타겠지 하고 가르쳐 주려고 했다. 그런데 아이가 그냥 중급자 코스에서 타고 내려오는 것이었다. 그것도 자세를 잡아가면서. 아이들은 어린 시절에 배운 스키를 몇 년 동안 타지 않아도 금세 자연스럽게 탄다. 머리에 있는 회로가 작동한 것이다. 이런 친구들은 몇 년을 타지 않아도 금방 감을 잡으면 탄다. 감을 잡는 데 시간이 걸리지만 감만 잡으면 타는 것은 시간문제다. 이처럼 어린 시절에는 다양한 운동을 시켜야 한다.

영리한 아이들을 보면 스케이트를 탄다든지, 야외에서 게임을 하는 것을 보면 머리 쓰는 모습이 보인다. 머리를 쓰고 자꾸 도전하면서 실패와 성공을 체득하게 된다. 특히 어린 시절에는 민첩성, 평행성과 협응력을 키우는 운동을 많이 시켜야 한다. 스키, 보드, 자전거, 줄넘기, 수영, 축구, 인라인스케이트 이런 운동들은 근력이나 힘으로 배우는 것이 아닌, 신경으로 배우는 것이다. 신경이라는 것은 다른 말로 운동신경이다. 운동신경이 좋은 아이들은 학습력에서도 좋게 나타난다.

6세에서 13세 정도까지는 근력 훈련을 해도 근육이 거의 붙지 않는다. 이 시기 아이들은 근력이 아니라 운동신경으로 운동을 하는 것이다. 따라서 이 시기에는 아이들이 잘하지 못해도 그냥 시키면 된다. 아이들이 공을 제대로 못 차도, 공을 던지는 것을 바로 던지지 못해도 괜찮다. 태권도를 할 때 동작을 잘 따라 하지 못하고 춤을 추는 것 같이 해도 괜찮다. 그냥 뛰고 달리고 구르고 넘어지고 해도 좋은 운동이 된다.

아이의 장래를 위한다면서 부모의 희망 때문에 창백하고 빈약한 아이로 만드는 것은 현명한 교육의 길이 아니다. 몸도 단단하고 머리도 똑똑하게 하는 효과를 내는 것은 오직 운동밖에 없다. 또한 가장 좋은 방법은 안전하게 스포츠를 경험하게 하는 것이다.

운동신경이 발달하는 좋은 운동

1. 터치볼

피구랑 비슷한 운동이다. 공으로 상대를 맞히는 것이 아닌 공을 피하는 연습이다. 몸을 숙여서 공을 피하는 것은 본능적이라서 쉽게 할 수 있다. 하지만 공을 보고서 옆으로 피하는 것은 어렵다. 아이의 반사신경이 좋아진다.

2. 공 던지고 받기

야구의 캐치볼처럼 서로 손으로 공을 주고받는다. 공을 손으로 잡으려면 공간지각능력과 협응력이 좋아야 가능하다. 아동기에 공을 던지고 잡는 연습은 아이의 전체적인 운동신경 발달을 높여줄 수 있다.

3. 바구니에 공 넣기

1~2m 정도 떨어진 곳에 있는 바구니에 작은 공을 넣는 것은 신체의 모든 신경과 정신을 집중해야 가능하다. 따라서 이러한 연습은 신체능력의 향상과 집중력 향상도 가져온다.

4. 구름사다리 건너기

구름사다리 운동을 하면 상체의 대근육과 코어근육이 발달된다. 손의 이동을 통해 자신감과 자립심이 길러진다. 아동기에 놀면서 하는 운동인 구름사다리 건너기 운동은 기본적인 운동기능 향상과 신체의 균형 있는 발달을 가져온다.

← 1m → ← 1m →

5. 사이드 스텝

1m 간격으로 세 개의 선을 긋고 제일 왼쪽이나 오른쪽에서 출발해서 20초 동안 측정된 m를 기록한다. 2회 반복해서 둘 중에 높은 수치를 기록한다. 사이드 스텝을 통해 민첩성이 향상되며, 몸을 제어하는 능력이 좋아진다.

6. 신문지로 공 맞히기

신문지를 야구 배트처럼 만들어서 신문지로 만든 공, 테니스공, 탁구공 같은 것을 맞힌다. 공을 치면서 공간능력과 지각능력, 그리고 손과 눈의 운동신경계를 골고루 발달시킬 수 있다.

하루에 1시간,
운동습관을 길러라

사람의 정신과 육체는 쓰면 쓸수록 강해진다.

이것은 지난 몇 년간 일을 하고 공부를 하면서 내가 몸으로 체득한 확신이다. 박사학위를 공부할 때 나는 3가지 일을 했다. 박사학위 실험 준비와 논문 쓰는 준비, 태권도장에서 아이들 지도, 대학교에서 강의를 한꺼번에 했다. 하루 24시간이 모자랄 정도였다. 그런데 처음에는 힘들었지만, 시간이 지나면 지날수록 몸과 마음이 편해지는 것을 느낄 수 있었다. 우리 도장 아이들 중에는 초등학교 1학년, 이제 만 7세가 안 되는 친구들이 선수부 훈련을 하는 아이들이 있다. 하루에 1시간 고강도 훈련을 받는다. 며칠간은 힘들어 하지만 시간이 지날수록 운동의 즐거움을 알기에 더욱더 열심히 하고 결석도 하지 않는다. 보통 수업보다는 힘들게 수업을 하지만, 땀 흘리며 운동하는 기쁨을 알기에 열심히 하는 것이다.

운동을 하려면 2가지 충분조건이 필요하다. 첫째, 시간이 있어야 한다. 둘째, 돈이 있어야 한다. 둘 중에 하나가 없으면 운동을 하기가 힘들다. 특히 성인들은 더욱 그렇다. 하지만 아이들은 돈이 없어도 가능하다. 놀이터에서 놀아도 되고, 운동장에서 뛰어다녀도 된다. 하지만 시간이 없다면 힘들다.

우리 몸에는 'BDNF'라 불리는 신경손상에 대한 재생, 발달 신경세포의 성장과 발달, 학습력과 기억력 같은 요인에 영향을 주는 뇌 건강 지표로 주목받고 있는 단백질 인자가 있다. 이 BDNF는 운동을 통해 생성될 수 있다. 연구에 의하면 20분만 규칙적으로 걸어도 아이의 성적이 올라간다고 한다. 유산소능력의 향상이 기억력 점수를 높이고, 결과적으로 학업성적에 좋은 영향을 미친다는 것이다. 하루에 1시간 운동은 아이들이 성장하는 데 필요한 성장 호르몬 분비를 활발하게 해 키를 성장하게 한다.

상일이 엄마는 초등학생 아들에게 욕심이 많았다. 아들을 꼭 좋은 성적을 받게 해 좋은 학교로 보내고 싶어 한다. 아이의 스케줄을 일일이 다 짜서 일주일에 한두 번 운동을 시킨다. 아이가 운동도 하고, 태권도 단증도 따기를 원해서 그렇게 한다. "어머니 상일이가 운동을 더 할 수 있게 시간을 더 늘려주세요"라고 이야기해도 엄마의 욕심에 더 늘리지를 못한다. 이런 친구들을 보면 절대 운동을 오래 하지 못하며, 운동에 대한 흥미도 없다. 결국에는 중학교에 올라가서도 엄마가 원하는 만큼 학교 성적이 높지 않다. 한창 밖에서 뛰어놀아야 할 시기에 공부만 시키니 아이의 욕구를 해소도 못하며, 체중이 늘면서 스트레스만 쌓이는 것이다.

대학교를 졸업하고 서울클럽 스포츠사업부에서 근무했다. 서울 장충동에 위치한 서울클럽은 1904년 고종 황제가 외국인과 내국인의 문화교류 촉진을 위해 만든 대한민국의 클럽이다. 나는 외국인들이 주로 오는 멤버십 스포츠클럽에 근무하면서 헬스, 수영, 태권도를 지도했다. 태권도 제자 중에 토마라고 프랑스 중학생이 있었는데, 토마는 중학생답지 않게 운동을 많이 했다. 매일 태권도를 하고, 남산을 뛰며, 수영하고, 사이클을 타서 집으로 갔다. 토마를 보면서 운동으로 다져진 마음과 몸이 얼마나 건강한지 감탄을 많이 했다.

요즘 아이들은 운동 부족의 시대에 살고 있다. 밖에서 자유롭게 뛰어노는 것보다, 스마트폰 게임과 컴퓨터 게임을 더 좋아한다. 학교에서도 체육 시간을 제외한 대부분의 수업을 앉아서 하고, 학원이나 집에서도 앉아서 생활한다. 이러한 패턴은 결국 아이들의 코어근육과 허리근육 약화, 약한 뼈대를 만든다. 아이들 중 어린 나이에 자세 불균형이 생겨 척추 측만증, 일자목 증후군, 두통과 소화불량이 생기는 경우가 많다. 몸이 약한 아이들은 자신의 의지대로 살아가기가 어렵다. 지구력이 약해 책상에 오랫동안 앉아 있지도 못한다. 체육활동도 잘하지 못해 친구들과 관계도 힘들다.

친구 중에 변호사를 하는 친구가 있는데, 이 친구가 사법연수원에 들어가서 인생을 다시 봤다고 했다. 그 이유는 자신은 30년간 공부만 하고 지냈는데, 연수원에 가니 공부도 잘하지만, 운동도 잘하는 친구들도 엄청 많았던 것이다. 축구 잘하는 친구, 농구 잘하는 친구, 헬스를 하는 친구에 비해 자신은 공부만 해서 지금은 허리근육이 약해 허리치료를 받는 실정이다. 운동의 소중함을 너무 늦게 알았다고 후회했다. 친구가 이야기한 것처럼 사법연수원의 고시 패스한 공부벌레들 중에는 공부습관처럼 운동습관을 잘 관리해 공부와 운동 2가지를 다 잘하는 고시 합격자들이 많다.

KBS 〈21세기 新운동 웰니스, 당신의 뇌를 바꾼다〉 프로그램을 본 적 있는데, 만화가 허영만 씨는 "하루에 1시간 등산은 꼭두새벽부터 이어진 창작 작업으로 뜨거워진 머리를 식히고, 답답해진 가슴에 한 줄기 시원한 바람을 맞기 위해서다"라고 말했다. 또한 등산은 온종일 앉아 있거나 서 있는 사람들에게 좋은 운동이라고 소개했다. 사람이 정신적인 발전만 추구한다고 강해지는 것이 아니라, 육체적으로도 능력을 향상시켜야 정신적으로 강해지는 것이다. 하루 1시간의 운동습관이 창작활동을 하는 데 많은 영감과 아이디어를 낸다고 했다. 영화배우 하정우는 《걷는 사람, 하정우》에서 출근시간, 퇴근시간 등 틈만 나면 걷기운동을 통해서 삶의 휴식과 생각의 정리시간을 갖는다고 했다. 걷기운동이 "두 발로 하는 간절한 기도"라고 이야기한다.

요즘 많이 운동하는 것 중에 맨몸운동, 타바타운동, 크로스핏운동이 있다. 이들 운동은 기구를 가지고 운동하는 것이 아닌, 맨몸으로 짧은 시간에 운동과 휴식을 반복해 폭발적인 운동효과를 보는 운동들이다. 성인들이 하는 운동이지만 매일 운동하는 것을 요구하지 않는다. 성인들은 운동시간이 부족해 적은 횟수의 운동으로 다이어트 및 체형 관리를 하기 원하기 때문이다. 하지만 아이들은 매일 운동을 해야 한다. 왜냐하면 하루 1시간 운동을 통해 첫 번째, 운동습관을 잡을 수 있다. 성인들이 다이어트를 실패하는 이유는 규칙적이지 못하기 때문이다. 두 번째, 하루에 1시간 아이들을 스마트폰 게임으로부터 떨어뜨릴 좋은 기회다. 이 시간마저 보장이 안 된다면 아이들은 스마트폰을 놓지 못하는 하루를 보낼 것이다. 세 번째, 하루에 1시간 운동을 하면서 땀을 흠뻑 흘리고 스트레스를 풀면서 하루에 1시간 몸의 건강뿐만 아니라 머리를 식히고 즐겁게 지내게 된다.

아이와 함께 스케줄을 짤 때는 순서가 있다. 우선 자는 시간, 일어나는 시간을 제일 먼저 정해야 한다. 다음으로 노는 시간을 정한다. 마지막에 공부하는 시간을 정하는 게 좋다. 하지만 대부분의 가정에서는 반대로 정한다. 부모가 욕심껏 공부 시간을 정하고, 아이의 놀 시간을 채우고, 남는 시간에 잠을 잔다. 아이에게 무엇이 소중한지 말로만 사랑한다고 하는 게 아니라, 진정 아이를 위한 것이 무엇인지를 알고 스케줄을 짜야 한다.

공부하는 만큼 운동시간도 줘야 아이가 균형 있게 생활하게 된다. 충분한 운동은 아이에게 필요한 에너지를 주고, 휴식을 통한 보충은 아이를 정신적으로나 체력적으로 더욱 강한 아이로 만들 것이다. 현명한 부모들은 아이에게 이런 습관을 길러줘야 한다.

06

스트레칭은
어릴 때 배워야 한다

아이들에게도 스트레칭이 필요한가? 나는 스트레칭에 대해 많이 이야기는 편이다. 그만큼 스트레칭의 중요성을 알기 때문이다. 하지만 대부분의 동호회에서는 운동하기 전이나 운동을 마친 후에도 스트레칭을 제대로 하는 사람들을 보기가 드물다. 왜냐하면 어른들은 스트레칭을 하는 법을 잘 모른다. 그 이유는 운동을 좋아해서 시작을 했지만, 스트레칭의 필요성과 중요성을 잘 모르기 때문에 운동에만 치우치는 경향이 있다. 그래서 어릴 때부터 스트레칭을 하는 습관을 길러야 아이가 평생 좋은 습관을 가지고 생활하며 지낼 수 있다.

그럼 스트레칭의 종류와 효과에 대해 알아보자. 스트레칭은 동적, 정적, PNF, 탄성 스트레칭이 있다. 우리 아이들에게 효과적인 스트레칭은 정적 스트레칭이다. 동적, PNF, 탄성 스트레칭은 청소년 이상의 운동부 선수들이 하면 좋다. 평소에도 스트레칭 습관을 길러 아이 스스로 자주 하면 모든 면에 효과적이다. 반동을 이용하는 스트레칭이 동적 스트레칭이며, 반동을 이용하지 않고 하는 것을 정적 스트레칭이라고 한다. 동적 스트레칭은 맨손체조에서 많이 사용하는데, 몸의 동적인 반동을 이용해 근육을 늘려주는 방법이다. 하지만 갑작스러운 반동으로 인해 건이나 인대에 손상을 줄 수도 있다. 하지만 정적 스트레칭은 자연스럽게 근육을 늘려주며 한 계점에서 더 이상 움직이지 않고, 10~30초간 정지해 근육을 늘려주는 방법이다.

스트레칭을 할 때는 편안한 호흡으로 하며 근육을 부드럽게 늘린 다음 근육에 정신을 집중해 최대한 늘려준 후 정지하면 된다. 대부분의 아이들은 스트레칭을 할 때 잘 안 하려고 한다. 왜냐하면 근육이 아프기 때문이다.

《뇌내혁명》을 보면 근육이 스트레칭 될 때 뼈 속에 많은 혈액이 흘러 들어가게 된다고 한다. 근육을 펴준다고 해서 어떻게 뼈 속으로 피가 흘러들어가게 되는지 이상하게 생각하는 사람들이 많겠지만, 그것은 다음과 같은 원리로 설명할 수 있다. 가령 대나무통 한 개가 있고 겉에 구멍이 몇 개 뚫려 있다고 하자. 그 대나무통을 물에 젖은 수건으로 싸고 바깥쪽을 비닐로 감는다. 그리고 나서 두 손으로 꽉 눌렀다고 하자. 그러면 물은 당연히 구멍을 통해 통속으로 들어가게 될 것이다. 스트레칭을 쉽게 잘 설명한 이 이야기를 해주면서 스트레칭을 하면 아이들이 쉽게 따라 한다. 도장에서 아이들을 지도할 때 스트레칭을 매일 하는 편인데, 효과를 톡톡히 보고 있다. 스트레칭은 아이들의 키를 성장시키고, 자세를 바르게 한다.

일본 아이들은 스트레칭을 참 잘한다. 한번은 일본에서 주말에 운동하는 어린이 축구팀을 구경한 적 있다. 부모들이 아이들을 데리고 운동장으로 온다. 부모와 떨어진 아이들은 누가 시키지 않아도 스스로 운동에 들어가기 전 워밍업으로 몸을 가볍게 풀고, 뛰며 몸을 데운다. 그러고는 바로 스트레칭을 한다. 스트레칭 후에 선생님과 함께 아이들은 본운동으로 여러 운동을 한다. 실시 후에는 반드시 앉고, 서서 스트레칭을 다 한 후에 가방을 챙겨서 집으로 간다. 대학 때 인턴 사범으로 미국 텍사스에 갔을 때도 이와 같은 모습을 봤다. 주말에 잔디 구장에서 운동하던 동호인들도 그랬다. 이처럼 선진국에서는 어른이나 아이 할 것 없이 모든 사람이 운동 전에 스트레칭을 한다. 자신의 몸을 잘 움직일 수 있도록 스트레칭을 한다.

근육은 고무와 같은 성질을 가지고 있다. 고무도 오래되면 수분이 없어져 고무가 딱딱해진다. 딱딱한 고무는 쉽게 부러진다. 사람도 아기 때는 몸에 수분이 많아서 넘어져도 쉽게 다치지 않는다. 하지만 중년이 넘어가면 사람의 몸에 수분이 없어져서 쉽게 넘어지고 다치게 된다. 따라서 성인이 되면 근육이 수분을 가질 수 있는 근력 운동과 유연하기 위해 스트레칭 요가, 필라테스 같은 운동을 해주는 것이 좋다.

스트레칭의 장점은 단축되는 근육을 늘려주는 효과도 있지만, 자주 사용하지 않는 근육의 활용을 시켜주는 것이다. 그 효과는 마사지를 받는 것보다 좋다. 스트레칭을 해주면 몸은 그 효과가 오래 간다. 특히 책상에 오래 앉아 있는 아이들과 핸드폰을 자주 보는 아이들, 집에서 TV를 볼 때 자세가 안 좋은 아이들은 스트레칭을 해주면 좋다. 어릴 때부터 스트레칭을 제대로 할 수 있도록 가르쳐야 한다.

아이에게 꼭 필요한 11가지 스트레칭

1. 누워서 팔다리 뻗기

바로 누운 자세에서 두 팔을 위로 올리고 두 다리를 곧게 펴서 위아래 방향으로 늘린다. 10〜15초간 실시한다.

2. 한쪽 무릎 잡기

바로 누운 자세에서 두 팔을 위로 올리고 두 다리를 곧게 펴서 위아래 방향으로 늘린다. 10〜15초간 실시한다.

3. 한쪽 발목 잡기

바로 누운 자세에서 다리를 펴서 발목을 잡고, 고개를 들어서 무릎을 쳐다본다. 좌우 발목을 10~15초간 실시한다.

4. 팔 벌려 다리 잡기

바로 누운 자세에서 팔을 벌려서 오른발을 왼손 있는 곳으로 움직인다. 10~15초간 좌우 실시한다.

5. 엉덩이 들기

바로 다리를 접고 누운 자세에서 팔을 몸 옆에 자연스럽게 놓는다. 그리고 허리를 들어서 10~15초간 버틴다. 3회 정도 실시한다.

6. 팔 벌려 가슴 닿기

바로 누운 자세에서 오른팔은 귀 옆에 왼팔은 벌려서 놓는다. 왼팔 바닥에 왼손바닥을 붙인다. 다리는 크게 벌린다. 이때 다리는 움직이지 않는다. 10~15초간 좌우 실시한다.

7. 코브라 자세

엎드린 자세에서 손을 가슴 옆에 놓고서 배꼽, 가슴순으로 자연스럽게 들어 올린다. 10~15초간 실시하며 내릴 때는 반대순으로 천천히 실시한다.

8. 팔 뻗어 눌러 주기

엎드린 자세에서 무릎을 접어 앉고 상체는 바닥에 붙인다. 10~15초간 실시한다.

9. 고양이 허리 만들기

기어가는 자세에서 허리에 최대한 힘을 주고서 서서히 내린다. 10~15
초간 실시한다.

10. 낙타 허리 만들기

기어가는 자세에서 등을 말아서 위로 올린다. 호흡은 자연스럽게 한다.
동작은 10~15초간 실시한다.

11. 활쏘기 자세

무릎을 꿇고 엉덩이는 들고 서 있는 자세에서 양손으로 양 발목을 잡고서 가슴을 내밀면서 고개를 뒤로 젖힌다. 10~15초간 실시한다.

07

운동선수를 흉내 내는 것은 창의성을 좋게 한다

"꿍따리 샤바라 빠빠빠."

친구 중에 클론의 노래를 잘 흉내 내는 친구가 있었다. 친구는 클론뿐 아니라 다른 댄스 가수 흉내도 냈다. 학교 다닐 때 주위에 가수나 개그맨 흉내를 잘 내는 친구 한두 명은 있었을 것이다. 이런 친구들 대부분은 공부보다는 잡기에 능한 친구들이다. 이 친구들의 공통점은 '머리가 비상하다'는 것이다. 비상하다는 것은 공부보다 창의적인 머리가 있다는 것이다.

나는 운동을 가르칠 때 "눈이 900냥이다"라는 말을 자주 한다. 사람의 몸 중에서 관상의 관점으로 보면 그렇다는 것이다. 그만큼 사람의 몸에서 눈이 중요하다. "사람의 말은 눈으로 듣는다"라는 말을 학교 다닐 때 선생님께서 해주셨는데 나는 이 말에 동의한다. 대부분의 아이를 지도하다 보면 눈을 잘 쳐다보는 아이는 금방 따라서 하는데, 그렇지 않은 아이들은 동작을 배울 때 잘 못 하는 경우가 많다. 공부도 마찬가지일 것이다. 인체의 감각 중에 시각은 운동능력 향상에 중요한 감각이다. 시각적으로 보고 배우는 것이 효과적이다. 그래서 지도자 중에 국가대표 출신 감독들이 많이 있다. 지도자의 시범이 시각적으로 전달되어 학습되기 때문이다. 아이를 지도할 때 반드시 지도자는 눈을 쳐다보면서 지도해야 한다. 그러면 아이도 지도자를 쳐다보기 때문에 딴생각을 하지 않고 잘 따라하게 된다.

내가 지도하는 아이 중에 영철이는 이제 6세 친구다. 점프를 잘하고 빠른 아이인데 처음에는 정말 사고뭉치였다. 맨날 아이들과 싸우고, 다치며, 울었다. 그런 영철이를 유심히 지켜보니 이 아이는 신체 능력은 좋은데 집중을 잘 못했다. 그리고 눈을 제대로 못 쳐다봤다. 그래서 눈을 바라보게 하고, 동작을 가르쳐 주며 연습을 시켰다. 수업 중에 계속 눈을 마주치며 응원해줬다. 시간이 조금씩 흐르고 아이를 다시 바라보니 동작을 다 따라 했다. 눈을 마주치면서 가르친 지 불과 한두 달 만에 아이의 수업 태도와 태권도를 배우는 자세가 달라졌다. 영철이를 보면서 지도자가 어떻게 바라보느냐에 따라 아이의 수업 태도와 교육받는 태도가 달라지는 것을 느꼈다.

운동을 처음 지도할 때는 천천히 가르친다. 그것도 아주 느린 속도로 가르친다. 천천히 보여주고, 그것을 천천히 해보라고 하면서 지도한다. 아이는 그때 천천히 동작을 수행한다. 그러고 나서 조금씩 스피드를 올려서 동작을 정확하게 수행한다. 정확한 동작으로 빠르게 동작을 수행한다면 이제는 본격적으로 빠르게 수행시키면 된다.

도장에서 아이들을 지도하면서 느낀 점은 서둘 필요가 없다는 것이다. 처음 아이들이 도장에 등록하면 대부분의 지도자들은 아이들을 가르치려고 한다. 그것도 빠르게 많은 것을 말이다. 이것이 얼마나 아이에게 비효과적인지 알아야 한다. 굳이 빨리 갈 이유가 없다. 천천히 아이들이 경험하고 배울 수 있도록 가는 것이 좋다. 아이마다 달란트가 달라서 '운동을 받아들이는 속도'가 다르다. 부모들도 '아이의 배움의 속도가 다르다'라는 것을 알고 기다려 줄 수 있어야 한다.

태권도를 배우고 있는 현선이는 초등학교 1학년 여자아이다. 처음에는 도장에 들어서서 울고불고 운동을 제대로 따라 하지도 못했다. 도장에 들어서는 것 자체를 무서워했다. 그래서 어머니에게 말씀드리고 천천히 가르치기 시작했다. 사실 가르치기보다 그냥 휴게실에 놀게 했다. 그러면서 하루에 한 동작씩만 가르쳤다. 그렇게 하니 아이도 쉽게 적응해 나갔다. 그러다가 어느 순간부터는 아이가 운동을 배우려고 해서 수업시간에 도장 안에 들어가서 수업을 진행했다. 아이는 도장 안에서 배우는 것은 구경하면서 스스로 익히고 있었다. 무서워서 안 하는 줄 알았지만, 현선이는 쉬는 시간에 천천히 구경하듯 눈으로 익히고 있었다. 지금은 수업시간에 얼마나 열심히 하는 줄 모른다. 인간의 신경전달 속도는 아주 빠른 속도다. 처음에는 흉내를 내면 빠른 속도로 대뇌에 전달되지 않는다. 하지만 몇 번이고 흉내를 내면 점점 제대로 전달된다. 이처럼 아이들은 천천히 가르치면 따라온다. 단, 시간을 갖고 기다려 줄 부모와 지도자만 있으면 된다.

우리 도장은 태권도 선수를 전문적으로 육성한다. 초등학교 1학년부터 고등학생까지 하루에 2시간 정도를 가르쳐서 전국대회에 출전한다. 대회에 출전해서 승리할 수 있도록 최선을 다해 지도한다. 대회를 출전하는 친구들은 처음 나가는 아이보다 두 번째, 세 번째 나간 친구들이 경험이 많아서 더 안정적으로 시합한다. 그래서 처음 대회를 준비하는 아이는 시합을 구경할 수 있도록 데리고 간다. 시합의 경험을 보여주면 아이들은 연습할 때보다 경기력이 좋아지는 것을 볼 수 있다. 그때 아이를 유심히 살펴보면 아이는 대부분 친구랑 놀면서 시합을 구경한다. 시합이 어떻게 진행되는지, 선수가 어떻게 물을 마시며, 이야기를 듣는지 전체적인 모습을 구경한다. 그리고 가끔 놀라는 것은 그렇게 다녀온 아이가 가르쳐주지 않은 발 차기를 구사할 때다. 아이는 시합장에서 본 경기를 흉내내는 것이다.

좋아하는 선배 중에 태권도 국가대표 코치를 역임하신 분이 계신다. 이 선배님이 태릉선수촌에서 국가대표 선수를 지도하면서 느낀 점을 이야기해준 적 있다.

"이 선생, 내가 국가대표를 보니 탑클래스에 있는 선수들은 태도도 좋고, 인성도 좋아. 그런데 그것보다 대표선수들은 모방하는 능력이 아주 좋더라."

"선배님, 그 말씀이 무슨 말씀이지요?"

"이곳의 선수들은 다른 능력도 좋지만, 눈에 띄는 능력은 한 번만 스파링을 해보면 다음 날 상대 선수의 장점과 기술을 파악해. 그래서 바로 다음 날 그 기술을 다른 상대에게 활용해."

국가대표급 선수들의 뛰어난 실력을 한마디로 정의하기는 어렵지만, 잘하는 선수들을 모방하고 남들과 다른 스타일을 추구하는 것이 큰 특징이 아닐까 생각한다. 특히 선배들의 잘하는 모습, 동기들의 뛰어난 경기를 보고 자기화시키는 능력이 탁월하다.

어릴 때 아이들은 선생님을 보고 따라 하는 것이 아니라, 주위의 친구나 잘하는 형, 언니를 보고 따라서 한다. 특히 운동은 그게 더 심하다. 아무리 선생님이 잘 가르쳐줘도 아이들의 보는 눈은 한계가 있다. 아이들은 선배를 보고 따라 하면서 동작을 쉽게 익히며 행동거지도 배우게 된다. 모든 면에서 보고 배우는 것이다. 선배나 선생님의 동작을 잘 따라 하는 아이가 운동을 배우는 속도가 빠르다. 동작도 매끄럽게 잘 나오고 보기에도 예쁘다.

08

운동 후 물품 정돈하는 습관을 길러라

"얘들아, 축구공 좀 정리해라."

"너희들 팀 조끼 정리 안 하니?"

"초등학생들이 운동 장비를 정리합니다."

자주 아이들을 가르치면서 하는 말이다. 근데 정리와 정돈의 차이를 아는가? 정리는 말 그대로 버리는 것이다. 남자친구를 정리했다는 의미는 헤어졌다는 것이다. 정돈은 사물을 자신이 다시 잘 사용할 수 있도록 정돈해놓는 것을 의미한다.

나는 우리 사범님들에게 "가르치는 것보다 중요한 것은 정리정돈 하는 습관을 가르치는 것"이라고 강조한다. 특히 운동장비, 신발, 개인장비를 정리정돈 해놓게 한다. 아이가 유치원에서 첫 번째 배우는 것이 줄을 서고 가방을 정리하는 것이다. 유치원생들은 선생님이 가르쳐주는 대로 가방 정돈, 신발 정돈을 잘한다. 정리정돈을 잘하는 아이는 대체로 수업 태도도 좋고, 학습력, 기본적인 태도가 좋다. 그런데 유치원 때는 정리정돈을 잘했던 아이가 이상하게 초등학교에 들어가면 정리정돈을 하지 않는다. 특히 가방을 정리하고, 자기 물품을 정돈하는 모습은 찾아볼 수 없다. 남자아이들은 신발도 그냥 아무 데나 벗어 놓는 아이들도 많이 있다. 가방을 열어보면 책, 노트, 필통을 아무 데나 넣어 놨다. 분명 아이는 유치원에서 잘 배웠다. 줄도 잘 서고 가방 정돈도 잘했다. 신발도 항상 자기 자리에 잘 갖다 놓았다. 그런데 초등학교에 들어가면 왜 그럴까?

2014년에 미국 해군 제독으로 전역하고, 모교 텍사스대학교의 총장이 된 멕레이븐(McRaven)은 모교 졸업식에서 이렇게 연설했다.

"세상을 변화시키고 싶으세요? 침대 정돈부터 똑바로 하세요. 매일 아침 침대 정돈을 한다면 여러분은 그날의 첫 번째 과업을 완수하게 되는 것입니다. 그것은 여러분에게 작은 뿌듯함을 줄 것입니다. 그리고 다음 과업을 수행할 용기를 줄 것입니다. 하루가 끝나면 완수된 과업의 수가 하나에서 여럿으로 쌓여 있을 겁니다. 침대를 정돈하는 사소한 일이 인생에서 얼마나 중요한 역할을 하는지 보여줍니다. 여러분이 사소한 일을 제대로 해낼 수 없다면 큰일 역시 절대 해내지 못할 것입니다. 그리고 혹시 비참한 하루를 보냈다면 여러분은 집에 돌아와 정돈된 침대를 보게 될 것입니다. 여러분이 정돈한 침대를요. 이것이 여러분에게 내일은 할 수 있다는 용기를 줄 것입니다."

가장 쉬운 습관 중 하나가 침대를 정돈하는 것, 책상을 정돈하는 일일 것이다. 하루의 시작을 침대 정돈으로 시작하는 것은 아주 작은 습관의 시작이다. 침대를 정돈하면서 첫 번째 자신의 할 일을 완수하고, 다음 일을 실행하는 추진력도 얻는 것이다.

마쓰다 미쓰히로(舛田光洋)는 《청소력》에서 청소의 힘은 단지 청소한 것뿐인데, 이로 인해 긍정적인 변화가 많이 온다고 했다. 연구에 의하면 흐트러진 방, 청소가 되어 있지 않은 사무실 등에서 생활을 계속하면 생리학적인 면에서도 심박 수나 혈압이 증가하고, 심장이 두근거리며, 목이나 어깨가 무거워지고 이유 없이 초조해지거나 금방 화를 내게 된다고 한다. 그것은 사람의 마음과 그 사람이 생활하는 방이 서로의 상태에 따라 일정한 자장을 발생시키고, 그 자장이 자꾸만 동질의 에너지를 끌어들이기 때문이라고 저자는 말한다. 즉 깨끗한 방은 행복한 자장이 형성되어 풍요롭고 행복한 마음을 안겨주고, 더러운 방은 자꾸만 부정적이고 불행한 기운을 불러들인다는 것이다.

'청소력'에는 2가지 힘이 있다고 한다. 주변 상황을 바꾸고, 문제를 해결해주며 지금의 나에서 새로운 나로 다시 태어나게 한다는 것이다. '마이너스를 제거하는 청소력'이란 더러움을 제거함으로써 마이너스 에너지를 없애고, 문제를 해결한다. '플러스를 끌어당기는 청소력'은 적극적으로 목적을 가진 플러스 에너지를 추가함으로써 강력하게 좋은 것을 끌어당기는 청소력이다. 이처럼 정리정돈이 미치는 영향은 작은 것 같지만 크다고 할 수 있다.

우리 큰아버지는 정리정돈을 잘하지 않는다. 성격이 급해서 그래서인지, 차 안에 있는 쓰레기를 잘 치우지 않는다. 군대를 제대하고 큰아버지를 도와서 소 키우는 일을 한 적이 있었다. 큰아버지 농장의 컨테이너 창고에 들어가면 공구들이 널려 있었다. 정돈이 안되어 있어서 큰아버지가 심부름을 시키면 나는 도저히 물건을 찾을 수 없었다. 군대에서는 모든 장비를 쓰고 나면 바로 정비와 정돈을 시켰다. 물로 닦고 햇볕에 말려서 잘 보관하고, 일주일에 한 번은 모든 장비를 대청소한다. 이처럼 관리를 하니 장비들이 오래가고 고장이 안 난다. 얼마나 좋은 습관인지 모른다. 나는 군대에서 제대로 배웠다.

《깨진 유리창의 법칙》에서도 이런 이야기가 나온다. 깨진 차를 공터에 놓는 것만으로도 시간이 흐르면 차는 폐차 수준으로 된다는 것이다. 사소한 것을 대충 관리하므로 나중에 큰 사고가 온다는 것이다. 이러한 정리정돈 습관이 큰 결과를 나타낸다.

내가 첫 직장에서 만난 매니저는 기분을 바꿀 때면 반드시 사무실 청소와 책상 정리정돈을 한다. 사무실을 싹 치운다. 갖다 버려야 할 종이, 책, 서류들을 몽땅 갖다 버리고 책상을 치운다. 그 습관을 보고 많은 것을 느꼈다. 나도 우리 집 아이들에게 잔소리하는 게 정리정돈이다. 자신의 책상도 안 치운 학생이 어떻게 공부하냐고 매번 잔소리를 한다.

운동하는 아이들도 대부분 지도자들이 장비를 가져다준다. 운동 후 아이들은 장비를 정돈하지 않는다. 그래서 우리 지도자들은 아이들에게 반드시 아이들 보고 스스로 정리정돈하게 한다. 이러한 습관을 가진다고 한번에 뭐가 되는 것은 아니지만, 하다 보면 아이들이 정돈의 힘을 알아갈 것이다. 정리의 힘을 체득하게 될 것이다. 도장의 겨루기부 아이들은 청소와 정돈하는 일을 더 시킨다.

우리나라 태권도 선수 중에 고등학생 때부터 시작해서 10년 동안 국가대표를 한 이대훈 선수가 있다. 이대훈 선수의 태도가 얼마나 좋은지 고등학교 감독 선생님에게서 들은 이야기가 있다. 이대훈 선수는 훈련 후에 자신의 옷을 그냥 가방에 넣는 것이 아니라, 운동 후에 땀에 젖은 옷을 순서대로 다시 개서 가방에 넣는다고 한다. 이런 태도가 이대훈 선수를 대한민국에서 국가대표가 되기 제일 어려운 태권도 국가대표를 10년 이상 하게 하는 원동력이 됐다.

미국의 전설적인 UCLA대학 농구팀 감독, 존 우든(John Wooden)은 12년 동안 88연승이라는 전무후무한 기록을 남긴 전설의 대학 농구팀 감독이다. 그는 "행동이 곧 인격이다"라는 말로 좋은 태도를 가질 수 있도록 가르쳤다. 그는 선수들에게 농구기술뿐만 아니라 인격을 성숙하게 하는 좋은 습관을 기를 수 있도록 돕고 싶었다. 그래서 수건, 농구공, 가방, 물통, 물품을 항상 제자리에 갖다 놓으라고 요구했다. 농구선수가 공만 던지고, 농구만 잘하면 되지 않을까 생각할 수 있지만, 이러한 사소한 태도가 아이의 삶의 태도에 많은 영향을 끼칠 수 있다. 이러한 좋은 태도를 가진 선수가 성장해 성인이 됐을 때 좋은 방향으로 선한 영향을 미치는 사람으로 성장할 가능성이 매우 높다.

집, 운동장에서도 아이의 생활 태도 중 가르쳐야 할 습관이 자신의 책상 정리와 자신의 운동기구 정리다. 정돈, 청소와 아이의 마음 상태는 일치한다. 청소만 시켜보면 아이의 마음 상태를 측정할 수 있다. 기분이 안 좋다든지, 별로이면 아이는 청소하기 싫어한다. 기분에 따라 청소 상태가 달라진다. 그래서 청소는 마음 상태를 가늠할 수 있다. 따라서 운동 후 아이가 운동한 운동기구, 장비, 개인물품, 가방, 운동한 운동복을 정돈하게 하고, 자기 위치로 보내는 연습을 시켜야 태도가 바르게 잡힌다. 엄마가 도와주는 것은 빨래만 해주면 된다.

아리스토텔레스(Aristoteles)가 하는 말이 우리에게 큰 울림을 준다.

"우리가 반복적으로 하는 행동이 바로 우리의 인격이 된다."

2장. 운동은 따로 있다 아이에게 필요한

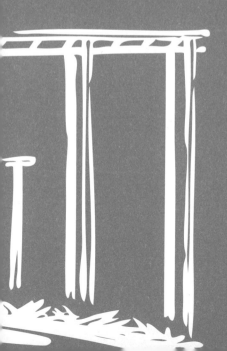

남자아이 운동과
여자아이 운동이 다르다

"남자아이 키우기 너무 힘들어요."

"우리 딸은 어떻게 운동을 시켜야 하나요?"

엄마들이 제일 궁금해 하고 알고 싶어 하는 이야기다. 남자들은 원시시대부터 밖에서 사냥하며 수렵생활을 했다. 그래서 먼 거리를 사냥 다녔고, 사냥감을 만나면 잡기 위해 머리의 모든 공식을 적용해 사냥해야 했다. 또한 목표물을 설정하면 몇 날 며칠 사냥감을 쫓아 다녔다. 하지만 여자들은 사냥보다는 집에서 가축을 돌보고 음식을 하며 옷을 만들었다. 그리고 가까운 야산에 가서 먹을 음식, 과일, 약초를 채집하고 가족을 돌봐야 했다. 처음 보는 풀을 먹어야 할지, 저 과일을 먹어도 되는지, 저 물고기는 독성이 없는지 등 좋은 정보와 안 좋은 정보를 공유해야만 가족들을 먹여 살릴 수 있었다. 그래서 여자는 신중하다. 남자들은 쇼핑을 하러 가면 힘들어 한다. 여자들은 즐거운 일인데, 남자들은 물건을 고를 때 대충 가격만 맞으면 산다. 하지만 여자들은 꼼꼼히 비교하면서 고른다. 별로 지치지도 않는다. 남자들은 한 가지 일에 빠지면 밥 먹는 것도 잊어버리고 그 일에 몰두한다. 게임도 마찬가지다. 얼마나 재미있나? 하나의 관문을 통과하면 또 다른 관문이 날 기다리고 있다. 이것을 깨야지만 희열을 느낀다. 계단을 내려가도 남자들은 마지막 계단은 두세 칸 뒤에서 점프하며 뛰어서 내린다. 여자들은 조심히 내려간다. 위험한 놀이도 여자들보다 남자들이 더 좋아한다. 이처럼 아이들을 지도하다 보면 남자아이, 여자아이는 성격과 행동, 성향이 다르다는 것을 느낄 수 있다. 행동하는 것, 말하는 것, 생활습관, 놀이습관 다 다르다.

유치원에 다니는 민철이는 도장에 올 때부터 첫눈에 알아봤다. 에너지가 철철 넘치는 아이라는 걸. 어찌나 장난이 심한지 가만히 있지를 못했다. 휴게실에서는 형들이 가지고 노는 블록을 허락 없이 만져서 엄마도 어쩔 줄 몰라 했다. "관장님, 죄송합니다. 우리 아이가 유치원에 다녀와서 집에만 있다 보니까 밖에만 나오면 저렇게 장난이 심합니다"하면서 걱정을 했다. 민철이 엄마가 가시고 나면 민철이에게 태권도장에서 신나게 뛰어놀게 했다. 그러고는 수업을 들여보내지 않고 밖에서 수업 구경만 하게 했다. 다음 날도 뛰어놀고, 구경만 했다. 왜냐하면 남자아이들은 누군가가 해달라고 하면 잘 안 한다. 자신들이 하고 싶으면 하지 말라고 해도 해달라고 사정한다. 그다음 날이 되니 물어보지 않아도 민철이가 자기도 태권도를 배우고 싶다고 이야기했다. 그때부터 도복을 입고 운동을 시작하니 아이는 잘 적응하고 엄마도 기뻐했다. 남자아이들은 대부분 상담해보면 운동 후에 잠도 더 잘 자고, 엄마에게 치근대는 게 없어졌다고 다들 좋아하신다.

또 일부 부모들이 고민하는 아이 성향 중 하나는 아이가 부끄러움을 타고 쑥스러워 한다는 것이다. 이러한 부모들은 "운동을 통해 아이가 조금이라도 적극적이고 활기차게 변화했으면 좋겠어요"라고 이야기한다.

운동을 싫어하는 내성적인 남자아이가 있다. 부모는 이유를 알아야 한다. 운동 자체를 싫어하는지, 비교되는 것이 싫어서인지, 또는 정말 내성적인 기질을 타고났는지를 알아야 한다. 운동한다고해서 아이의 기질이 바뀌지는 않는다. 다만 아이의 성향을 파악하고 보다 좋은 장점을 살릴 수 있도록 도와줘야 한다. 내성적인 아이는 억지로 운동을 시키는 것보다 운동을 좋아하는 마음이 생기도록 천천히 가는 것이 좋다.

초등학교 1학년인 규식이는 남자 동생이 있다. 규식이는 성격이 소심하고 말이 없지만, 집에서 장남이라서 그런지 자신의 역할에 대해서 잘 아는 아이다. 규식이에게 운동을 가르치면 잘하지는 못하지만, 자신의 능력을 다 써서 운동을 한다. 그래서 어머니에게도 "어머니, 규식이가 잘 따라오고 있습니다. 그러니 조금 더 기다려주세요"라고 이야기하면, 어머니도 "알겠다"며 고개를 끄덕였다. 규식이는 운동을 보고 따라 하는 것은 어려워했지만, 힘을 쓰고 달리는 것은 잘했다. 특히 임무를 주면 반드시 완수하는 것이 인상적이었다. 더운 여름에 도복을 입고 품새를 외우는 연습을 시키면 다 해내고 집으로 갔다. 태권도장을 여러 바퀴 뛰게 하고, 줄넘기와 매트를 이용해 다양한 운동을 시켰다. 시간이 지나니 서서히 아이가 좋아지는 것을 볼 수 있었다. 좋아지는 것에 칭찬을 많이 해주자 아이는 자신감이 차오르기 시작했다. 처음에는 쑥스러워서 말도 잘 하지 않았는데 이제는 말도 많이 한다. 한번에 바뀌지는 않지만, 아이의 성향을 존중해주면서 아이의 자존감과 자신감을 스스로 키울 수 있도록 해줘야 한다.

여자아이들이랑 운동하고 엄마들에게 상담해보면, 대체로 운동 후에 체력도 좋아졌다고 이야기한다. 무엇보다 여자아이들은 집에서 활기가 넘친다고 이야기한다. 서은이는 초등학교 1학년인데 외동딸이다. 어찌나 엄마, 아빠가 아이를 위하는지 내가 보기에도 행복한 딸이다. 아이가 집에서는 조용하고 여자아이가 하는 놀이만 좋아해서 걱정이라고 했다. 여성성이 높은 아이라 처음에는 발레나 여자들이 하는 운동을 시키고 싶었는데, 나랑 상담 후에 태권도를 시켜도 좋겠다고 판단해 등록하고 태권도를 시켰다. 서은이 엄마는 몸무게도 얼마 나가지 않고 몸이 가냘픈 여자아이가 어떻게 과격한 태권도를 할 수 있을까 의구심이 들었다고 했다. 하지만 얼마 후 상담 전화에서 이렇게 이야기했다.

"관장님, 우리 서은이가 태권도를 배워서인지 집에서도 조용한 아이였는데, 활발해지고 에너지가 넘쳐서 너무 좋아요."

《여자아이 강하게 키우기》를 보면, 남자아이와 여자아이는 운동하는 목적이 다르다고 한다. 남자아이들의 대부분은 "활력이 넘쳐서 너무 힘들어요. 기력을 좀 빼주세요"라고 부모들이 이야기하고, 여자아이들은 에너지를 소모하는 것이 아니라 에너지를 채워 넣기 위해 운동을 해야 한다고 한다. 기운이 없을 때 몸을 좀 움직이고 나면 기분이 좋아지고 몸이 상쾌해진다. 그래서 여자아이들은 체력 소모가 아니라 체력 충전이 된다고 이야기한다. 나는 이 말에 동의한다. 남자아이를 둔 부모님들이랑 상담하다 보면 남자아이 대부분은 가만히 있지를 못한다. 상담하는 엄마 옆에서 뛰고, 발 차기도 한다. '에너지가 넘친다'고 표현하는 것이 맞는 말인 것 같다. 나머지는 너무 조용하다. 쑥쓰럽고 부끄럼을 타는 아이들도 있다. 에너지가 넘치는 남자아이를 둔 엄마들은 "우리 아이 에너지를 다 쓰게 해주세요", "놀 때가 마땅치 않아서 태권도장에서 신나게 운동할 수 있도록 해주세요"라고 이야기한다.

대부분의 엄마는 아이를 등록시키고 그날 바로 운동을 배웠으면 하는 생각들을 가지고 있다. 수영하면 바로 아이가 물과 친해지고 물장구를 치면서 배우길 원한다. 축구를 배우면 아이가 바로 공을 가지고 친구들과 패스를 하며 TV에서 본 모습을 하길 원한다. 태권도를 배울 때도 마찬가지다. 도복을 입고 도장에서 태권도를 시작하면, 바로 기합을 넣고 발 차기를 하며, 주먹 지르기를 하길 원하는 것 같다. 하지만 현실은 그렇지 않다. 천천히 가야 한다. 수영을 배울 때는 수영장 설명, 옷 갈아입는 법, 화장실을 사용하는 법, 수영장 규칙 이런 사소한 교육에 시간을 할애해야 아이가 천천히 머릿속으로 이해하며 따라간다. 태권도도 첫날 오면 도복을 입고 인사만 하고 나와서 도장 규칙, 도복 입는 법, 화장실을 가는 법 등 운동보다 주위의 것을 더 가르쳐야 한다. 천천히 배워야 한다. 이해하며 주위를 살피면서 배워야 한다.

남자아이들은 적극적인 운동이 좋다. 적극적인 운동이란 자기 스스로 하는 운동이다. 놀이터에서 자기가 하고 싶은 운동을 하는 것이다. 미끄럼틀도 타고, 그네도 타며, 뛰고 달리고 넘고 하는 자기가 원하는 운동을 실컷 하는 것이다. 대근육 위주의 운동을 하는 것이다. 점프하고 철봉에 매달리고 정글짐을 통과하는 대근육 위주의 운동을 시키는 것이 좋다. 유치원 때는 남자아이의 남성성이 시작되는 단계다. 몇 백만 년 전부터 얼마 전 산업화가 시작되기 전까지는 남자아이는 아빠를 따라서 사냥감을 구하기 위해 먼 거리를 뛰어다녀야 했다. 농경사회가 되면서는 어린 나이지만 농사일에 손을 보태야 했다. 엄마들은 알아야 한다. 남자아이는 충분히 운동해야 아이의 원래의 본성을 가질 수 있는 것이다. 여자아이들은 처음부터 적극적이고 부딪히는 운동보다 혼자서 할 수 있는 운동, 줄넘기, 스트레칭, 요가, 정글짐, 스포츠 클라임, 자전거 타기, 인라인 스케이트, 스키, 보드 같은 운동이 좋다. 자신이 먼저 이해하는 운동이 더욱 좋다. 만약 집에서 할 수 없다면 어린이 스포츠클럽, 수영클럽, 태권도장을 추천한다. 이러한 스포츠클럽에서는 자세한 설명과 여자아이들을 충분히 이해시키고, 운동을 시킬 수 있는 전문적으로 교육을 받은 선생님들이 많이 계시기 때문이다.

02

단체운동을 통해
아이를 가르쳐라

　스포츠 용품 업체에 "2000년대 가장 강력한 경쟁업체가 누구냐?"고 질문했을 때 대부분 '아디다스', '퓨마' 등 동일 경쟁업체를 이야기했지만, 나이키는 게임업체인 일본의 '닌텐도'라고 이야기했다고 한다. 이처럼 요즘 아이들은 밖에서 운동하는 것보다 앉아서 스마트폰을 보거나 게임을 하면서 생활하는 걸 더 좋아한다. 주위를 걸어 다니다 보면 아이들이 삼삼오오 건물 계단에 모여서 게임을 하는 모습을 볼 수 있다. 놀이터에 모여서도 게임을 한다. 한창 운동해야 할 시기에 저러고 있으니 마음이 아프다.

　켈리 맥고니걸(Kelly McGonigal)의 《움직임의 힘》을 보면 생존을 위한 사냥과 채집의 기원을 여는 행동의 한 가지가 다름 아닌 인간끼리의 '나눔'이라고 한다. 사냥과 채집을 통해 가지고 온 것을 저녁에 함께 나누어 먹는 것이다. 나눔과 협력에 대한 신경생물학적인 보상이 뇌 부위에 활성화되어 도파민, 엔도르핀, 엔도칸나비노

이드 같은 기분을 좋게 하는 화학물질이 분비된다고 한다. 단체 활동은 같이 몸 풀기를 하며 뛰고, 운동한다. 같은 동작을 연습하며, 서로를 봐주며 동작을 연습하기도 한다. 장비를 공유하며, 정돈한다. 또한 장비를 물려주기도 하고 빌려주기도 한다. 이러한 행동이 유대감을 형성하며 나눔과 기쁨을 공유하며 운동하게 한다. 인간끼리도 나눔을 한다. 개인운동에서는 나눔을 하는 것이 힘들다. 단체로 운동해야지만 나눔이 가능하며, 이러한 나눔은 인간이 가지고 있는 보편적인 인간의 마음인 것이다. 팀운동을 하면 당연히 우리 팀이 승리하려면 배려가 있어야 하며, 희생이 따라야지만 우리 팀이 승리할 확률이 높아지는 것이다. 이런 경험을 어릴 때 해야 아이가 학교에 가서도 배려심과 사회성을 자연스럽게 몸에 익히게 되는 것이다.

나는 15년째 생활 축구를 주말마다 하고 있다. 1주일에 한 번 하는 축구지만 즐겁고 행복하다. 30대에는 아침 일찍 나가면 집에 오지를 않았다. 오로지 축구 경기를 해야겠다는 생각뿐이었다. 일주일에 한 번뿐이었지만 조기 축구 경기를 하는 형들, 동생들과 친했고, 만나면 즐거웠다. 조기 축구 선후배들과 눈이 오면 운동장의 눈을 같이 치우고, 집안 대소사도 함께 의논했다. 축구를 마친 후에는 운동장에서 회식도 했다. 축구보다 친밀한 관계를 갖는 것이 더 좋은 이유다.

아이들도 마찬가지다. 단체운동을 통해서 사회성과 친목이 더 두텁게 형성된다. 같이 땀 흘리고 물을 나누어 마시고 부딪히면 자연스럽게 친밀감이 생기고 우정이 두터워진다. 아이가 활발하다면 축구클럽, 농구클럽 등을 추천한다. 특히 축구, 농구는 반드시 아이들이 해야 하는 운동이다.

지금은 고등학생이 된 외동아들 재석이는 초등학교 시절에 도장에서 태권도를 배웠다. 하루에 1시간 운동만 할 때는 잘 몰랐지만, 태권도 시범단에 들어가니 서로 배려해야 하고, 다른 친구들을 도와줘야 하는 일이 많은 까닭에 시범단 생활을 어려워했다. 집에서는 왕자처럼 모든 것을 부모가 해주는 생활을 하다가 운동 후에 하는 도장 정리정돈, 장비를 챙기는 막내 일을 한다는 것은 이제껏 해보지 않은 경험들이었다. 특히 재석이가 힘들어 한 것은 자기는 잘했는데 다 같이 혼나고 잔소리를 듣는 것이었다. 또한 1박 2일 캠프에 가서도 처음 경험해보는 단체생활을 힘들어 했다. 하지만 지속적으로 단체생활 이야기와 팀으로서 시범단의 행동방식과 규칙을 설명해주고 나니 조금씩 아이가 이해하는 것을 느꼈다. 2달에 한 번씩 실시한 시범단 단체 회식과 캠프를 통해서 서로의 마음 문을 여니 편해지고 있는 재석이를 느낄 수 있었다. 이처럼 어릴 때 경험해보는 단체 팀운동은 아이들에게 긍정적인 영향을 줄 수 있다.

가끔 아이들에게 단체게임을 시켜보면 아이들의 성격이 나온다. 어떤 친구들은 게임하면서 싸우기도 하고, 공을 혼자만 가지려고 한다. 줄을 넘겨서 공을 던지기도 하고, 공에 맞았는데 안 보면 안 맞았다고 이야기도 한다. 달리기 시합에서는 먼저 나가기 위해한 발짝 앞에서 뛰기도 하며, 미리 달려 나가면서 바통을 넘겨받기도 한다. 축구할 때는 몰래 손을 사용하기도 한다. 이처럼 아이들은 게임을 통해서 자신의 성격을 다 보여준다. 따라서 미리 단체운동을 하기 전에 운동의 취지를 설명해준다. 반칙, 나쁜 행동에 대해서도 이야기해준다. 이러한 교육으로 인해 아이들은 점점 도덕성도 생기고 배려와 책임감을 기르게 된다. 단체운동을 통해서 아이들은 팀으로 느끼며, 사랑하는 마음이 생기게 된다.

아이들은 단체생활을 힘들어 한다. 집에서 형제, 자매들도 몇 명 안 되어 혼자서 생활하는 친구들이 많다. 집에서는 핸드폰 게임, 컴퓨터 게임 등 혼자서 충분히 즐길 수 있는 놀이들이 많이 있다. 이렇다 보니 아이들은 어울려서 하는 놀이랑 게임 같은 것을 잘 안 하려는 성향을 보이기도 한다. 개인주의가 강한 아이일수록 운동을 시켜야 한다. 개인 성향이 강할수록 단체생활을 할 때 성향이 잘 나타난다. 단체운동은 처음에는 잘 나타나지 않지만, 시간이 지날수록 개인적인 성향이 줄어들고 팀으로 생활하기 시작한다. 팀생활을 하다 보면 팀플레이를 하며, 팀에 보탬이 되고, 팀을 응원하며, 팀에 누가 되지 않도록 행동하는 모습을 보이게 된다. 선생님으로부터 가르침도 즉시 받게 된다. 따라서 요즘 같이 자존감도 높고 개인주의 성향도 높은 친구들은 단체운동을 시켜야 한다.

우리 아이를 독불장군이 되지 않도록 가르쳐야 한다. 단체생활을 경험하게 하고, 인간사회의 규칙과 규율을 익히는 것이 좋다. 조금 불편하고, 기다려야 하며, 배려하지 않으면 힘들고, 내가 잘못하지 않아도 다 같이 책임을 지는 것을 어릴 때 배워야 한다. 이런 단체생활을 배우기 좋은 곳이 축구, 농구, 태권도 시범단 같은 곳이다. 단체운동을 하면서 남에게 의지할 수 없고, 선후배의 위계질서와 예의를 몸소 배우게 된다. 좋은 것을 양보하는 정신이 생겨 서로를 챙겨주는 사랑의 마음도 생기게 된다. 지금처럼 한 가정에 한 명, 두 명밖에 형제가 없는 친구들에게 단체운동이 주는 영향력은 그야말로 크다.

03

초등학교 가기 전에
꼭 태권도를 가르쳐라

동네마다 태권도장이 많이 있다. 그 이유가 무엇일까? 나라마다 각각의 무술이 있다. 일본은 유도, 중국은 쿵푸, 인도는 요가, 태국은 무에타이, 대한민국은 태권도가 2018년에 국기(國技)로 지정됐다. 무술을 배운다는 것은 바로 몸의 쓰임을 배우는 것이다. 무술은 몸의 중심을 단련시키는 것이다. 다른 말로 코어근육을 발달시켜 신체를 바르게 세우는 것이다. 또한, 강한 힘을 내기 위해 근육의 길이를 길게 해서 몸이 유연해지며, 호흡을 통해 힘쓰는 것을 배우게 된다.

스페인 발렌시아 구단 소속의 축구선수로, 2019년 1월 13일 스페인 정규리그 데뷔전을 치르면서 발렌시아 사상 최연소로 정규리그에 출전한 외국인 선수가 있다. 그는 2019년 6월 16일 폐막한 '2019 국제축구연맹(FIFA) U-20 월드컵'에서는 2골 4도움을 기록하며 골든볼(MVP)을 수상하는 기염을 토하기도 했다. 이 선수가 바로 대한민국 축구선수 이강인이다. 이강인 선수는 어릴 때 태권도장 관장님이신 아빠를 따라서 태권도장에서 태권도를 배웠다고 한다.

이강인은 2009년 K리그 인천의 유소년 아카데미에서 공을 찼다. 태권도 사범이자 마라도나(Maradona)를 좋아하는 축구광이었던 아버지 이운성 씨는 결정을 내렸다. 남다른 재능을 지닌 아들을 위해 온 가족이 축구 강국 스페인으로 건너간 것이다. 2011년 스페인 발렌시아 유스팀 알레빈 C에 입단한 이강인은 빠른 적응을 위해 전자사전을 일부러 집에 두고 훈련장으로 향했다. 태권도 사범인 아버지에게 '태권도 정신'을 배운 덕분인지 어린 나이에도 절제를 알았고, 스페인 학교에서는 단 한 과목도 낙제를 받지 않았다.[3]

개그맨 이수근은 초등학교 때 태권도 선수 생활을 했다. 군대에서도 3군사령부 대표선수를 했다. 얼마 전에는 태권도 5단도 취득했다. TV 프로그램에서 그가 보여준 강한 체력은 초등학교 때 배운 태권도로 다져진 체력 때문일 것이다. 스웨덴 축구 영웅 즐라탄 이브라히모비치(Zlatan Ibrahimovic)도 어린 시절에 태권도를 배웠다고 한다. 즐라탄도 태권도 선수를 해야 할지, 축구 선수를 해야 할지 고민했지만 결국 축구를 선택해 축구선수가 됐다고 한다.

현재 스포츠 선수, 연예인 등 다 열거할 수는 없지만 어린 시절 태권도로 체력의 기초를 다진 사람들이 많다. 그 이유는 태권도가

---

3. 최우석, 12년 전 TV에 나와 모두를 깜짝 놀라게 만든 6살 아이, 지금은…, 〈JobsN〉 2019. 02. 22 참고.

가장 배우기 쉽고 체계적인 운동프로그램이기 때문이다. 태권도는 한 번에 두세 단계 위의 것을 가르치지 않는다. 띠가 올라갈 때마다 단계별로 배우게 되는 무술이다. 기초프로그램인 스트레칭을 통해 유연성 운동을 많이 한다. 기초체력은 종류가 다양해서 아이의 신체 구석구석을 발달시켜준다. 특히 도장에서 많이 사용하는 콤비네이션 프로그램은 민첩성, 순발력, 협응력을 좋게 한다. 태권도 겨루기 운동은 심폐지구력을 필요로 하는 운동이다. 그래서 달리고, 피하는 운동을 통해서 아이의 신체 균형과 밸런스 향상에 도움을 준다. 품새는 두뇌 발달에 좋은 운동이다. 공간지각능력에 아주 좋은 운동이다. 왜냐하면 같은 동작을 따라서 할 때, 반대편의 동작을 보고 따라해야 한다. 손발을 사용해 두 개의 동작이 바로 연결된다.

그럼 자녀의 운동을 언제부터 시키는 게 좋을까? 그 시기는 빠르면 빠를수록 좋다. 놀이터나 학교 운동장에서 아이가 자연스럽게 뛰어놀면서 운동하면 좋겠으나 현실은 그렇지 않다. 밖에는 황사가 있고 놀이터에는 불량한 사람도 있을 수 있다. 맞벌이를 하면서 쉽게 아이에게 시간을 낼 수도 없는 현실이다. 그래서 빠를수록 좋다는 것이다. 태권도장에서 배우는 기초교육은 아이의 성장에 좋은 영향을 미친다. 지능발달이 가장 많이 되는 나이가 5~7세 사이이다. 이 시기는 에너지도 제일 넘치는 시기다. 부모의 손을 떠나 태권도를 통해 자립심 교육과 승급의 과정을 통한 리더십 교육을 배울 수 있는 시기이기 때문이다.

태권도 교육의 첫 번째는 인성 교육과 태도 교육이다. 이런 교육이 어떤 교육보다도 선행되어 아이의 인격 형성에 좋게 영향을 미쳐야 어른이 되어서도 좋은 인성이 나타나게 되는 것이다. 세 살 버릇 여든까지 간다.

"나 줘", "이거 안 해", "싫어" 이제 막 태권도를 배우기 시작한 아이의 언어다. 이런 아이가 태권도를 배우고 나면 "네, 알겠습니다", "감사합니다", "고맙습니다"라고 말한다. 아이가 부정적인 단어로 이야기하는 것이 아니라, 긍정적인 말투로 바뀐 것을 보고 엄마들이 아이를 태권도장으로 많이 보낸다.

5세 때 도장에 등록한 상일이는 집에서 귀여움을 독차지하는 아이다. 그러다 보니 버릇이 없고, 자기가 하고 싶은 대로 행동했다. 특히 수업시간에 가만히 있지를 않았다. 자리에서 움직이고, 옆에 친구랑 장난치고 차렷을 제대로 못 했다. 상일이와 계속 눈을 마주치고 움직일 때마다 상일이의 이름을 불러줬다. 또한 도장에 도착하면 아이랑 주기적으로 앉아서 이야기해줬다. 형들의 수업 모습, 누나들의 운동하는 모습에 관해 이야기했다. "저기 지금 운동하는 형들 잘하지? 저 누나도 봐. 얼마나 열심히 해" 하고 보여주며 이야기했다. 그러자 상일이의 수업 태도가 점점 변하기 시작했다.

"관장님, 상일이가 태권도에 다니고 나서 집에서 자기 할 일을 할 때 책상에 딱 앉아서 그림 그리기를 1시간 동안 합니다. 제가 보기에도 너무 의젓해졌어요."

상일이를 매일 데리고 다니시는 할머니께서 하신 말씀이다. 이처럼 태권도 교육은 단순한 운동을 가르치는 곳이 아니다. 태도를 교육하는 곳이다. 초등학교 가기 전에 아이가 이런 교육을 받으면 초등학교에 가서도 생활을 잘하게 된다.

8세 이전의 아이는 체력적으로 대근육운동 시기다. 에너지도 넘치고 두뇌도 활발하게 성장한다. 태권도 교육은 기초체력을 키우기가 좋다. 맞벌이 부모들은 아이와 함께 놀아주는 시간이 부족하다. 집에서는 층간 소음 때문에 생활하기도 불편한 경우가 더러 있다. 초등학교에 가기 전, 아이가 대근육운동과 민첩성, 밸런스, 협응력 운동을 하지 않으면 초등학교에 가서 학교 수업을 따라 하기 힘든 경우가 있다. 요즘 초등학교는 전문 체육 선생님들이 계셔서 아이들에게 체계적으로 수업한다. 초등학교 1학년이 되면 줄넘기를 배우는데 줄넘기는 손과 발이 따로 움직여야 할 수 있는 운동이다. 손과 발이 한번에 움직이면 넘지 못하게 된다. 이러한 줄넘기를 부모들은 아주 단순하고 쉬운 운동으로 생각하는데, 실제 7세 아이가 잘하는 것은 쉽지 않다. 이런 줄넘기 교육도 요즘 태권도장에서 기초체력 훈련으로 다 시키고 있다.

태권도는 아이가 성장하는 시기에 시키면 더욱더 효과적으로 체력 발달과 인성 형성을 할 수 있는 좋은 운동이다. 집 근처에 태권도장들이 많이 있지만, 간혹 레크리에이션만 하는 도장이 더러 있다. 이런 도장은 추천하지 않는다. "나이가 어리기 때문에 태권도를 아직 못 가르칩니다" 하고 이야기하는 도장에 우리 아이를 맡기면 안 된다. 유치원생도 태권도 시간에 태권도를 해야 하고, 수

영 시간에 수영을 해야 한다. 축구 시간에 축구를 해야 한다. 이것
이 맞는 것이다. 모든 것은 처음에 어떻게 습관을 들이느냐에 따라
달라진다. 태권도장에 태권도가 없는 도장은 아이의 시간을 죽이는
것과 같다. 엄마는 반드시 아이가 태권도를 배우는지 확인하고 가
르치는 모습을 살펴봐야 할 것이다.

7세 이전에는
놀이터에서 많이 놀려라

대다수의 아이는 힘든 것을 싫어한다. 왜일까? 동민이는 초등학교 1학년 아이인데, 체중이 많이 나가는 편이다. 그런 동민이가 차를 타고 오는데 "관장님, 저는 힘든 게 싫어요. 왜냐하면 편한 게 좋아요" 하고 이야기한다.

"아, 이 아이를 어떻게 가르쳐야 하나?" 혼잣말을 하고 말았다. 동민이는 어릴 때 운동습관이 잡히지 않았다. 동민이네 집도 맞벌이 가정이다. 할머니, 할아버지가 동네에 사셔서 주로 할머니에게 의지해 아이를 키우고 계신다. 할머니들은 손주가 다칠까 봐 주로 집에서 아이를 키우는 경향이 있고, 맛있는 것도 많이 먹인다. 할머니가 아이를 돌보다 보니 절제하지 못한 식습관을 들이게 됐다. 활동량은 줄고, 먹는 양은 많고 그러다 보니 에너지 불균형으로 아이는 비만이 됐다.

어린 시절에 에너지 불균형으로 인해서 체중이 증가하면 늘어난 체중을 줄이기가 쉽지 않다. 같은 학년 철민이는 엄마가 매일 놀이터에서 놀린다. 집 근처이기도 하지만 아이가 에너지가 넘쳐서 엄마가 집에서 아이를 데리고 있는 것보다 놀이터에 가는 게 편하단다. 이 둘이 비슷한 시기에 태권도장에 왔는데, 둘의 운동능력은 하늘과 땅 차이였다. 놀이터에서 다져진 철민이는 모든 능력이 발달했지만, 동민이는 힘들어 했다. 학교에서 하는 체육활동에서도 차이가 난다. 학교생활도 체력이 약해서 힘들어 한다.

상담하다 보면 어린아이인데도 체력적으로 약해 보이는 아이들이 있다. 그리고 아이가 힘들어 하면 어찌할 줄 모르는 엄마들이 있다. 나는 이런 엄마들에게 이야기한다.

"어머니, 아이를 하루에 1시간 놀이터에 가서 놀려주세요. 그러면 지금보다 기초체력과 사회성이 좋아집니다."

이렇게 이야기하면 엄마들은 처음에는 수긍을 안 하다가 놀이터에 가보면 아이를 데리고 나와서 놀게 하는 것을 보게 된다. 놀이터에서 놀면 팔의 근력과 하체 근력, 그리고 코어근육이 발달한다. 매달리고, 뛰며, 점프하고, 균형을 잡으며 놀기 때문에 모든 신체조직에 영향을 미치게 된다.

아이들이 자연에서 노는 게 좋다는 것은 다들 아는 이야기일 것이다. 그래서 말은 제주도로, 사람은 서울로, 자식은 시골에서 키워야 한다고 이야기한다. 시골에 자란다는 것은 흙과 함께 생활하는 것이다. 물건도 나르고, 농사일도 도우며, 산으로 뛰어다니고, 개울에서 물고기도 잡는다. 이런 모든 행동이 생활 체력을 좋게 하는 일이다.

도시에 사는 사람들이 많다 보니 시골을 접하지 못하는 경우가 많다. 그래서 시골만큼 체력을 키우는 곳을 추천한다면 주변에 가까운 놀이터다. 놀이터에서 하는 놀이는 모든 근육과 신경에 영향을 준다. 예를 들어 아이가 매달리기만 해도 허리근육과 등근육, 코어근육이 중심을 잡기 위해 많은 일을 하게 된다. 아이의 이러한 놀이는 등근육을 발달하게 해서 자세를 바로잡고 교정하는 데 효과적이다. 어릴 때 놀이터 놀이는 신경발달을 가져오게 되어 나중에 근력운동을 했을 때 근육의 성장을 쉽게 도와준다. 어린 시절 다양한 놀이터 놀이를 한 아이들은 신체 발달이 좋아서 비만하지도 않다.

아이들이 도장에 와서 쉬는 시간에 노는 경우가 있다. 이때 아이들은 자기가 하고 싶은 놀이를 한다. 매트로 성을 만들기도 하고, 공을 던지면서 새로운 피구 게임을 만들어내기도 한다. 이처럼 아이들은 자유 시간에 자유로운 생각으로 놀아야 한다. 엄마들이 착각하는 것 중에 놀이터나 아이들이 놀 때 가만히 있으면 불안해하는 것이다. 무슨 말이냐 하면 놀이터에서 놀 때 아이가 놀지 않고 가만히 있으면 기다려 주지 않고 놀아 주려고 한다. 혼자서 놀 수 있도록 지켜봐야 한다. 그래야 아이는 자율성이 생겨서 주도적이며 자존감이 상승한다. 자신의 놀이에 선택권을 주는 것은 아주 중요한 문제다. 놀이터에서 아이가 자유롭게 선택할 기회를 부모가 주는 것은 아이 스스로 자유에 대해 책임지는 방법을 가르치는 것이다. 놀이터에서 놀 때 아이에게 안전하게 문제를 해결할 수 있는 여러 가지 방법을 일러 준 뒤 결정적인 선택이나 행동을 온전히 아이에게 맡겨야 한다.

놀이터랑 비슷한 곳이 집 근처에 많이 있다. 바로 실내 놀이터다. 실내 놀이터는 적은 비용으로 아이들이 다양한 신체활동을 하기 때문에 그 효과가 배가 되는 장소다. 실내 놀이터를 이용할 때는 보조요원이 있지만, 부모가 특히 신경을 써야 한다. 놀이할 때 같이 놀아주는 것보다는 옆에서 꼭 지켜봐야 한다. 트램펄린 위에서 놀 때 발목이 약한 아이는 발목 염좌가 생길 수 있다. 발목 염좌가 생기지 않도록 충분한 스트레칭과 몸 풀기를 하고 노는 것이 좋다.

야외 놀이터, 실내 놀이터에서 놀 때 준비해야 할 3가지는 다음과 같다.

첫 번째, 반드시 물을 챙겨서 가라. 아이가 뛰어놀다 보면 목이 마른다. 그때 아이에게 줄 물을 꼭 챙겨 가야 한다. 아이가 자기 물을 마실 수 있도록 교육하는 게 좋다. 자기 물은 자기 물병으로 먹도록 교육하자. 놀이터뿐 아니라 운동을 갈 때는 개인 물병을 가지고 가는 습관을 들이자.

두 번째, 놀이터에 가면 아이와 함께 스트레칭을 하고 놀게 한다. 놀이터에서 놀 때 전신운동의 효과가 있기 때문에 과신전, 과부하가 걸릴 수 있으니 꼭 준비운동을 시키고 놀게 한다.

세 번째, 아이가 스스로 놀 수 있도록 부모는 지켜보자. 스스로 놀면서 주위의 아이와 자연스럽게 친해지며, 주도적으로 놀 수 있도록 부모는 지켜보는 것이 좋다.

놀이터에서 하는 놀이는 대근육을 발달시킨다. 놀이터에서는 놀기만 해도 대근육을 자연적으로 사용하게 된다. 다리로 점프를 하고, 손을 잡고, 정글짐을 올라가고, 점프해서 뛰어내리고, 그네를 타는 모든 것이 자연스럽게 아이의 근력을 좋게 하면서 훈련이 되는 것이다. 놀이터 놀이는 협응력을 발달시킨다. 아이가 놀이터에서 놀다 보면 균형도 잡고, 다른 아이가 하는 모습을 보고 따라하게 되며, 모양과 놀이 방법을 금방 체득하게 된다. 구름사다리를 지나가면 한 손으로 잡고 다른 손으로 다른 바를 잡으려고 할 때 몸의 타이밍, 손의 타이밍 등 모든 것을 종합적으로 몸에서 반응해야 한다. 이런 것이 협응력을 좋게 한다. 놀이터 놀이는 평형성을 발달시킨다. 스키, 서핑, 스케이트, 보드, 자전거 타기는 평형력을 필요로 하는 스포츠다. 이러한 운동을 통해 밸런스 감각을 어릴 때 익히는 것이 중요하다. 버스를 타고 가다 보면 흔들리는 버스에서 균형을 잘 잡고 서 있는 능력이 평형성 능력이다. 이런 평형성 운동은 정글짐에서 균형 잡고 걸어가는 것, 한 발 한 발 정글짐을 올라가는 것, 구름사다리를 올라가는 것, 평균대를 걸어가는 것 등 다양한 놀이를 통해서 좋아지는 운동이다.

놀이터에서 노는 것만으로도 아이의 신체 능력은 저절로 발달을 한다. 부모가 옆에서 지켜보면 아이가 안전하게 놀 수 있다. 놀이터 놀이는 아이의 자존감과 자신감을 동시에 향상하며, 스스로 할 수 있다는 정신이 생기게 된다. 동네 놀이터와 아파트 안에 놀이터가 많이 좋아지고 안전하게 활용할 수 있게 되어 있다. 놀이터 놀이는 아이의 활동량도 늘게 해 비만도 생기지 않게 한다. 친구들과의 사교성도 좋아지므로 초등학교에 가기 전 자주 놀아 줘야 한다. 부모는 놀이터 놀이를 통해서 아이에게 필요한 생활 체력이 자연스럽게 생기도록 힘써야 한다.

성장을 가로막는
소아비만을 막아라

잘못된 상식 중에 '살은 나중에 다 키로 간다'라는 말이 있다. 몸무게가 1kg 늘어날 때마다 혈관은 1km가 늘어난다. 따라서 몸무게가 느는 것은 키 성장을 방해하는 대표적인 원인으로 절대 성장을 돕는 게 아니다. 탄수화물 함량이 높은 음식, 칼로리 높은 음식, 지방 함량이 높은 음식을 즐기는 아이들은 사용하지 못한 열량과 이미 체내에 흡수된 지방이 고스란히 체지방으로 쌓여 소아비만에 빠질 위험이 있다. 소아비만은 단순히 과체중에 그치지 않고 성조숙증, 변성기라는 결과로 나타나기도 한다.

성조숙증과 변성기는 필요 이상으로 축적된 지방 성분이 성호르몬 분비를 촉진해 평균보다 빠른 초경이나 사춘기를 오게 하는 것이다. 초경이나 변성기를 겪으면 또래 아이들보다 빨리 성장하다가 멈추게 되어서 키가 자랄 수 있는 시기가 그만큼 줄어들게 된다. 사춘기가 늦어도 몸 상태가 회복되면 정상적으로 키가 자라기 때문에 걱정할 필요는 없다. 2차 성장 시기에 2~3년이면 누구나 20~30cm는 자랄 수 있다.

딸 가연이는 키가 173cm다. 가연이는 저녁 늦은 시간에 엄마가 절대 음식을 먹이지 않는다. 날씬하다. 따로 다이어트도 하지 않는다. 대신 아침밥을 꼭 먹으며, 늦은 시간 야식은 절대 먹지 않는다. 운동도 규칙적으로 했으며, 특히 태권도를 꾸준히 해서 4품을 땄다. 가연이는 저녁에 먹을 음식이 있으면 내일 아침에 먹는다고 이야기한다. 그래서 아침에 저녁 때 먹고 싶은 음식을 먹는다. 이러한 식습관과 운동습관이 아이의 키 성장에 도움이 됐다.

다율이는 여자아이로 현재 중학교 3학년인데, 아직도 키가 작다. 다율이의 식습관을 이야기해보면 다율이는 늦은 저녁에 밥을 먹는다고 한다. 식사시간이 불규칙하다 보니 학원에 갔다 와서 늦은 시간에 저녁을 먹는다. 위가 충분한 휴식을 취해야 신진대사가 원활하게 작용을 하는데, 야식은 위를 쉬게 하지 못하게 한다. 이러한 식습관은 과체중으로 변하게 한다.

나는 어릴 적에 체중이 많이 나갔다. 그래서 초등학교 때는 학교 대표로 씨름선수를 했다. 얼마나 과체중이었는지 짐작이 될 것이다. 초등학교 친구들은 지금의 나를 못 알아보는 친구들이 더러 있다. 중학교 시절에 태권도를 본격적으로 해서 체중이 정상적으로 돌아왔다. 그래서 현재는 키가 큰 편이다. 하지만 지금도 조그만 과식하면 금방 살이 찐다. 체중 관리는 평생 해야 하는 일이다.

소아비만은 성인병으로 이어지기가 쉽다. 소아비만의 약 80%

는 성인비만으로 이어진다고 한다. 소아비만 아이들은 지방 세포 수가 증가하기 때문에 한번 소아비만이 되면 살 빼는 것이 힘들다. 또한 적게 먹어도 금방 살이 찐다. 그리고 지방세포 수가 많기 때문에 쉽게 살 빼기가 힘든 체질이 된다.

살이 찌는 대표적인 이론이 소모되는 에너지보다 섭취하는 에너지가 많으면, 남는 에너지는 지방으로 축적된다는 것이다. 이는 곧 비만으로 이어진다. 과식, 기름진 음식, 야식, 빨리 먹는 습관, 특히 스트레스 관리는 아이에게 상당히 중요하다. 대부분 엄마는 아이들의 식습관 때문에 체중이 증가한다고 생각들을 많이 하는데, 식습관보다 중요한 것이 스트레스 관리다. 스트레스는 정상치 이상으로 호르몬을 분비해 배고픔을 느끼게 하고 지방을 저장하게 만든다. 그로 인해 염증이 증가하고 결과적으로 더 많은 스트레스를 받게 된다.

유찬이는 체중이 많이 늘면서 성격도 괴팍해졌다. 짜증을 많이 내고 신경질도 많이 낸다. 엄마가 고민하셔서 식습관 이야기랑 스트레스를 풀어주라고 이야기했다. 그래서 유찬이는 태권도장에 나와서 편하게 운동한다. 특히 타격하는 것을 좋아해서 글러브를 끼고 실전 태권도를 충분히 할 수 있도록 배려해줬다. 아이가 학업이랑 친구들과의 스트레스를 충분히 도장에서 풀 수 있도록 도와주니 조금씩 변화가 있었다. 아직 정상 체중이 되지 않았지만, 체중이 빠지고 있고, 얼굴의 턱선이 살아나고 있다.

대부분의 아이가 방과 후 학원에 가는데, 그러다 보면 식사 때를 놓치는 경우가 많다. 학원 시간에 쫓겨서 늦은 식사와 한꺼번에 많은 양의 식사를 하게 된다. 아이가 과식한 후에는 반드시 움직이게 해야 한다. 엄마나 아빠가 같이 집 주위를 걷는 것이 좋다. 또한 과식한 후에는 적어도 몇 시간은 깨어 있어야 하며, 영양소 분해를 촉진하기 위해 30분 걷기를 하는 것이 좋다. 음식을 지방으로 저장하는 대신 에너지로 사용하게 해야 한다.

집에서 소아비만을 막을 방법 3가지는 다음과 같다.

첫 번째, 아침밥을 꼭 먹어야 한다. 체온이 1도 높아질 때마다 신진대사율은 14% 증가한다. 그리고 잠자는 동안 대사율이 10% 감소한다. 12시간 이상 굶으면 신진대사율은 자동으로 40% 느려진다. 식사를 건너뛰면 몸은 끔찍한 기아 상태를 예상하고 연소 모드를 저장 모드로 재빨리 전환한다. 그러므로 굶는 다이어트는 효과가 없다. 아침을 챙겨 먹는 사람의 신진대사 유전자는 항상 활동하는 상태가 되기 때문에 아침을 거른 사람보다 평균적으로 날씬하다.

두 번째, 매일 아침 걸어서 등교해야 한다. 매일 30분씩 걸어야 한다. 아이들이 학교에 갈 때는 걸어가야 한다. 왜냐하면 아침밥을 먹고 학교까지 걸어가는 동안 에너지는 뇌로 가게 된다. 탄수화물을 섭취 후 뇌로 가는 에너지는 포도당밖에 없다. 뇌는 포도당만 좋아한다. 아침에 가볍게 걸어서 가는 것으로 아이의 뇌는 일찍 작동하게 되어 학교 수업을 즐겁게 할 수 있다. 아침 식사 후 가볍게 걸어서 학교에 가면 의지력이 자동으로 좋아지게 된다. 오전에 배고픔은 내 의지와 상관없이 학업을 집중할 수 없게 만든다. 또한 집중하려고 하는 아이의 의지도 사라지게 한다.

세 번째, 탄산음료와 설탕의 섭취를 줄여야 한다. 탄산음료, 에너지음료, 단 음식 등 설탕은 혈당의 급격한 상승을 초래할 뿐 아니라, 칼로리가 높아 이것을 즉시 태우거나 에너지로 사용하지 않을 경우 지방으로 저장된다. 모든 음료수에 있는 단맛을 내게 하는 감미료는 뇌의 포만중추[4]에 보이지 않아서 뇌는 여전히 다른 음식으로부터 칼로리를 섭취하고자 한다. 식욕이 더 당기게 된다. 인공감미료는 칼로리가 낮지만, 복통이나 두통 같은 부작용을 일으킬 수 있다. 음료수, 빙수, 탄산음료를 자주 마시는 아이들은 배가 아프다고 자주 이야기한다. 이런 아이는 감미료가 들어 있는 음료수를 못 마시게 해야 한다.

성장을 방해하는 소아비만을 막아야 한다. '살은 나중에 다 키로 간다'는 잘못된 상식은 지우고, 현명하게 대처해야 한다. 다이어트의 가장 기본은 먹는 양의 에너지 섭취량보다 더 많이 규칙적인 운동을 해주는 것이다. 30분~1시간 상관없이 규칙적으로 운동을 해야 한다. 특히 식사 후 산책은 아주 좋은 다이어트 방법이다. 세상에 제일 좋은 운동은 없다. 제일 좋은 운동은 규칙적으로 하는 것이다. 탄수화물은 성장을 돕지만 많이 섭취하면 체중 증가로 나타난다. 그래서 탄수화물 섭취를 줄이는 것이 방법이다. 삼겹살을 구울 때 삼겹살은 먹어도 좋은데, 밥은 조금만 먹기를 추천한다.

---

4. 포만중추는 식사를 해서 포만감을 느끼는 만복감을 감지하고 식욕을 제한한다.

아이의 스트레스를 해소해줘야 한다. 가장 좋은 방법은 하루 1시간 운동을 시키는 것이다. 태권도, 축구, 농구 뭐든 좋다. 운동을 통해 세로토닌과 엔도르핀 호르몬이 많이 나와 아이의 성장호르몬에 좋은 영향을 끼쳐야 아이는 비만을 예방하고, 건강한 아이로 성장할 수 있다.

06

키 성장을 돕는
운동의 종류

"세상에서 제일 불쌍한 남자가 얼굴은 잘생겼는데 키가 작은 남자다"라는 이야기가 있다. 키 작은 사람을 비하하려는 말이 아니다. 잘 먹고, 잘 쉬고, 운동을 열심히 해서 많이 크라고 하는 말이다. 아이들을 지도하다 보면 키가 작은 아이들은 대체로 입도 짧고, 잘 쉬지 않는다. 늦은 시간까지 핸드폰을 만지며, 잠을 늦게 자는 아이들이 많다. 그래서 아이들에게 가끔 자극받으라고 이야기한다.

최근 학교 문제와 관련해서 가장 문제가 되는 것이 왕따 현상이다. 한국교육개발원의 조사에 따르면, 초·중·고등학생 4명 가운데 1명꼴로 집단 따돌림을 당한 경험이 있다고 한다. 집단 따돌림의 이유 대부분이 신체와 관련되어 있는데, 특히 체중이나 키를 가지고 따돌림을 한다고 한다. 이처럼 아이들의 세계에서 키와 몸매는 놀림의 대상이 되기도 한다.

키가 작은 중학교 1학년 학생들이 우리 도장에는 두 명이 있다.

이 아이들은 키가 작아서인지 왠지 모르게 아이들 스스로 자존감도 낮고 힘들어 한다. 목소리도 작고, 행동도 빠르지 않다. 여러 가지 이유가 있겠지만 자기 스스로에게 만족을 못하는 것 같다. 그래서 평소에도 많이 먹으라고 이야기해주는데 실제로 잘 안 되는 것 같다.

우리 엄마, 아버지는 키가 작은 편이다. 두 분 다 키가 160cm도 안 되셨다. 하지만 나와 동생들의 키는 대체로 큰 편에 속한다. 나는 7세 때 되게 아픈 적이 있었다. 그때 동네 병원에서 고치지를 못해서 큰 병원에 갔다. 그때 처음으로 비싼 한약을 먹은 기억이 있다. 그 이후로 어머니께서 닭백숙을 자주 해주셨다. 그다음으로 많이 먹은 음식이 설렁탕이다. 어머니께서 장사하셔서 집에는 항상 뼈 넣고 끓인 설렁탕이 있었다. 설렁탕에 밥을 말아서 먹고 학교나 학원을 갔다. 잘 먹었다.

《키 10cm 더 크는 키네스 성장법》에 보면 오늘날에는 영양 부족의 문제보다 지나치게 많이 공급되는 에너지 과잉으로 인한 비만이나, 운동 부족의 문제가 키 성장뿐만 아니라 건강까지 위협할 만큼 아주 심각하다고 한다. 장시간에 걸쳐서 신체활동 양이 부족해 다리나 허리의 근 기능이 약화되고, 키가 제대로 자라지 않는 경우도 많이 나타난다.

성장을 바르게 하려면 과잉 영양공급으로 인한 과체중을 막아야 한다. 아이의 생활을 점검해 다리나 허리의 기능이 약화됐으면 노력을 해도 효과가 잘 나타나지 않는다. 운동 부족으로 인해 다리 근육의 약화와 허리 척주기립근의 약화로 인해 바른 자세가 되지 않는 것은 운동을 통해 예방해야 한다.

기억해야 할 키 성장을 위한 중요한 4가지는 다음과 같다.

첫째, 우리 몸속에는 성장호르몬 즉 IGF-1이라는 호르몬이 있다. IGF-1 호르몬은 저녁 10~12시 사이 수면 중에 주로 분비되고, 운동할 때도 호르몬이 나온다. 그리고 음식물을 섭취할 때도 형성된다. 그러므로 인체는 365일 성장의 주기를 나타내고 있다. 원래 겨울에는 성장하는 주기가 아니지만, 근래는 생활습관, 식습관의 변화로 인체가 365일 성장하는 단계가 됐다. 따라서 음식 중 성장에 도움되는 음식을 섭취하면 좋다. 돼지고기, 닭고기, 소고기를 섭취하는 것이 좋다.

둘째, 성장판 자극을 꾸준히 해주는 것이 좋다. 특히 줄넘기, 농구, 태권도 품새운동 같은 근육과 성장판을 자극할 수 있는 운동을 꾸준히 해주면 효과적이다. 줄넘기와 농구운동 같이 수직 점프운동을 통해 자극을 받으면 키 성장에 효과적이다. 태권도 품새운동은 손과 발을 뻗는 발 차기, 주먹 지르기 동작의 운동과 다리 근력 훈련, 스트레칭 등 다양한 체력 훈련이 키 성장에 도움을 준다. 태권도 품새운동은 아이가 바른 체형과 몸의 중심을 잡고, 고관절, 특히 햄스트링, 아킬레스건의 유연성을 요구하기 때문에 키 성장에 도움이 된다.

셋째, 비만을 막아야 한다. 운동이 가장 비만을 막아주는 방법이다. 하루 1시간 규칙적인 운동을 통해 아이의 에너지를 충분히 활용해 비만을 막아 줄 수 있다. 비만한 아이들은 주 3회 운동보다는 매일 운동하길 추천한다. 며칠을 쉬면 운동하려는 욕구가 사라지게 되어 결국 실패할 수 있다. 세상에 제일 좋은 운동은 규칙적인 운동이다.

넷째, 스트레스를 해소해줘야 한다. 운동은 숙면에도 영향을 줘서 아이가 일찍 잠들게 한다. 스트레스를 해소해주기 위한 핸드폰 게임이나 늦은 시간 컴퓨터 게임은 아이에게 도움이 되지 않는다. 일찍 자고, 일찍 일어나는 습관이 아이의 생활습관에 좋은 영향을 끼친다.

키 성장 스트레칭

1. 누워서 팔다리 뻗기

바로 누운 자세에서 두 팔을 위로 올리고 두 다리를 곧게 펴서 위아래 방향으로 늘린다. 10~15초간 실시한다.

2. 한쪽 무릎 잡기

바로 누운 자세에서 두 팔을 위로 올리고 두 다리를 곧게 펴서 위아래 방향으로 늘린다. 10~15초간 실시한다.

3. 한쪽 발목 잡기

바로 누운 자세에서 다리를 펴서 발목을 잡고, 고개를 들어서 무릎을
쳐다본다. 좌우 발목을 10~15초간 실시한다.

4. 엉덩이 들기

바로 다리를 접고 누운 자세에서 팔을 몸 옆에 자연스럽게 놓는다. 그
리고 허리를 들어서 10~15초간 버틴다. 3회 정도 실시한다.

5. 공 만들기
앉은 자세에서 무릎을 잡고 엉덩이, 등 순서로 왔다 갔다를 반복적으로 한다. 10회 정도 왕복운동을 한다.

6. 팔 벌려 다리 잡기
바로 누운 자세에서 팔을 벌려서 오른발을 왼손 있는 곳으로 움직인다. 10~15초간 좌우 실시한다.

7. 거북선 만들기

엎드린 자세에서 양 발목을 잡고서 고개를 들면서 다리도 당긴다.
10∼15초간 유지한다. 호흡은 자연스럽게 한다.

8. 코브라 만들기

엎드린 자세에서 손을 가슴 옆에 놓고서 배꼽, 가슴순으로 자연스럽게
들어 올린다. 10∼15초간 실시하며 내릴 때는 반대순으로 천천히 실시
한다.

9. 팔 뻗어 눌러 주기

엎드린 자세에서 무릎을 접어 앉고 상체는 바닥에 붙인다. 10~15초간
실시한다.

자세 교정운동을
배워야 한다

동물들은 허리 병이 없다. 요통은 인간만 가지는 병이다. 바른 자세는 아이의 두뇌와 공부 모든 면에 영향을 미친다. 근래에는 핸드폰을 보는 것으로 인해 일자 목으로 인한 두통과 어깨 결림이 자주 발생한다. 모두 근육의 경직에 의한 것들이다.

2014년 미국의 척추외과 전문의 케네스 한스라즈(Kenneth Hansraj) 박사가 〈스마트폰 사용 시 고개를 숙이는 자세에 따라 목이 받는 하중〉을 연구한 결과는 다음과 같다. 고개를 앞으로 15° 기울였을 때는 12.2kg, 30° 기울였을 때는 18.1kg의 부담이 목에 가해지는 것으로 나타났다. 60° 기울였을 때는 하중이 무려 27.2kg으로 늘어났다. 이는 성인의 평균 머리 무게인 4.5kg의 6배가 넘는 수치다. 고개를 숙이는 자세가 반복되면 점차 머리가 앞으로 빠지고 어깨가 안쪽으로 말리면서 본래 C자형 굴곡을 지닌 경추가 점차 일(一)자형으로 변한다. 이를 '일자목 증후군'이라고 한다. '거북목 증후군'이라고도 불린다. 일자목이 되면 경추 사이에서 완충작용을 하는 추간판(디스크)이 제 기능을 못해 경추추간판탈출증(목디스크)과 같은 퇴행성 경추 질환이 발생할 위험이 커진다.

스마트폰이 나오고 나서 많은 성인들이 거북목 증후군을 앓고 있다. 이제는 우리 아이들도 일자목으로 변형이 되어 두통이라든지, 어깨가 아픈 증상들이 나타나고 있다. 요즘 도장에서 아이들이 수업 전후에 핸드폰 게임을 많이 한다. 핸드폰 게임을 못하게도 해 봤다. 그랬더니 다들 놀이터나 건물 계단에 삼삼오오 모여서 게임을 하는 것이다. 그래서 이제는 하루에 조금만 하도록 유도하고 있다. 이것도 요즘 세대들의 문화 중 하나일 것이다.

그런데 게임을 많이 하는 아이들은 자세가 바르지 못한 아이들이 있다. 잦은 스마트폰 사용으로 인해 나타나는 근골격계 질환도 큰 문제다. 스마트폰 화면을 볼 때 자연스레 고개를 아래로 숙이게 되는데, 이는 목에 심각한 부담을 준다. 구부정한 자세로 앞으로 쏠린 머리를 지탱하기 위해 경추(목뼈)와 주변 근육, 인대에 큰 부하가 걸리기 때문이다. 이런 친구들은 목을 뒤로 제쳐 주면서 목 앞쪽의 근육을 늘려주고 뒤쪽 근육을 강화해주는 것이 좋다. 자세가 나쁘게 되면 머리로 올라가는 혈액의 흐름이 좋지 않게 된다. 따라서 뇌도 상쾌하지 못하게 된다. 그래서 목 주위의 근육을 충분히 풀어줘야 한다. 가슴도 앞쪽으로 굽어 있어서 흉통이 많이 나타나는 아이들이 있다. 가슴을 늘려주는 스트레칭을 반드시 해야 한다. 또한 등 근육을 강화하려면 철봉운동을 해주면 좋다. 턱걸이운동이 효과적인데, 힘이 없는 아이는 매달리기만 해도 배근력 및 코어근육이 좋아진다.

또 다른 운동으로 줄넘기도 효과적이다. 줄넘기는 자세를 바로 하고 점프하는 동작으로 자세를 바로잡을 수 있다. 자세가 구부정하면 줄을 제대로 넘을 수가 없다. 줄넘기를 하기 전 스트레칭과 간단한 어깨 체조를 통해 충분히 몸을 푼 후 제자리에서 100~500개 정도 하면 운동효과는 배가 된다. 단, 체중이 많이 나가는 아이들은 개수를 줄여서 여러 번 반복하는 게 무릎에 영향을 적게 줘서 안전하게 운동을 할 수 있다.

나쁜 자세는 대부분 배 근력, 중심 코어 근력과 등 근력이 약해서 생기는 것이다. 바른 자세를 유지하는 습관을 갖는 것이 중요하다. 바른 자세는 건강한 체형을 만드는 데 꼭 필요하다. 의자에 앉을 때, 서 있을 때, 걸을 때, 자세를 유지하고 걷는 것은 아이의 척추 건강에 직접적인 영향을 미친다. 허리가 구부정하다든지, 신발 밑창이 한쪽만 닳는다면 확인하고 교정해줘야 한다. 잘못된 자세는 아이의 키 성장에도 영향을 미치게 된다.

정확한 자세로 운동하면 통증을 없애주며, 생활에 활력을 준다. 일상생활에서 자세가 무너지면 척추에 부담을 줘서 일상생활이 힘들어진다. 따라서 좋은 자세는 자신감 향상에 도움을 준다.

자세 교정 스트레칭

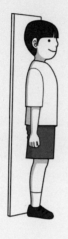

1. 벽에 서서 차렷 자세 하기

벽에 선 자세에서 머리와 엉덩이, 뒤꿈치를 붙이고 차렷 자세를 한다. 가슴을 최대한 펴고, 1~5분간 자세를 유지한다. 휴식은 5분간 쉰다. 총 3회 정도 실시하고, 운동시간을 점점 늘려간다.

2. 서서 팔다리 뻗기

선 상태에서 손가락을 끼고 두 팔을 위로 올리고 자세를 곧게 펴서 위 방향으로 늘린다. 10~15초간 실시한다. 호흡은 자연스럽게 한다.

3. 서서 팔다리 뒤로 뻗기

선 상태에서 팔을 뒤로 해서 손가락을 끼고 두 팔을 아래로 내린 뒤 가슴은 곧게 펴고 얼굴은 하늘을 보며 어깨뼈가 붙는다는 느낌으로 10~15초간 실시한다. 호흡은 자연스럽게 한다.

4. 서서 몸을 90° 만들기

선 자세에서 다리를 곧게 펴고 양손을 허리 높이까지 잡고서 정면을 바라보며, 호흡은 자연스럽게 한다. 10~15초간 실시한다.

5. 옆구리 늘리기

벽에 선 자세에서 벽 쪽에 있는 오른발
을 왼쪽으로 놓고 양손으로 벽을 잡는
다. 10~15초간 좌우를 번갈아가며 실
시한다. 호흡은 자연스럽게 한다.

6. 다리를 구부려서 가슴 닿기

왼쪽 다리를 90° 구부려 가슴에 닿게 하고 오른발은 최대한 멀리 쭉
편 자세를 한다. 10~15초간 좌우 다리를 실시한다. 호흡은 자연스럽
게 한다.

7. 다리 펴고 앞으로 굽히기

자연스럽게 앉은 자세에서 허리를 펴고 발목을 잡는다. 10~15초간 실시한다. 호흡은 앞으로 숙일 때 내뱉는다.

8. 앉아서 무릎 누르기

다리를 접어서 발목을 잡고 최대한 몸 쪽으로 붙여서 잡고, 가슴을 다리에 붙인다는 느낌으로 허리를 굽힌다. 호흡은 숙일 때 내뱉는다.

9. 다리 옆으로 펴고 굽혀서 발목 잡기

자연스럽게 앉은 자세에서 왼쪽 다리는 접고 오른쪽 다리는 쭉 펴고, 두 손으로 오른쪽 발목을 잡는다. 10~15초간 실시한다. 호흡은 앞으로 숙일 때 내뱉는다.

10. 팔 뻗어 옆으로 눌러 주기

엎드린 자세에서 무릎을 꿇고 앉아 왼손을 45° 방향에 놓고 오른손으로 잡는다. 상체는 자연스럽게 대각선 방향이 되도록 바닥에 붙인다. 좌우 방향으로 10~15초간 실시한다.

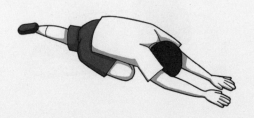

11. 오른쪽 다리를 90° 접고 왼쪽 다리를 뒤로 곧게 뻗고 가슴으로 누르기

오른쪽 다리를 90° 접고 왼쪽 다리를 뒤로 곧게 뻗은 뒤 가슴을 앞으로 숙여 누른다. 손은 앞으로 쭉 뻗는다. 10~15초간 좌우 다리를 교대해 실시한다.

12. 누워서 발가락 잡고 무릎 잡기

누운 상태에서 오른쪽 무릎을 접어서 왼손으로 잡고, 오른손은 왼쪽 발가락을 잡는다. 시선은 가슴의 반대 방향을 바라본다. 좌우 방향으로 10~15초간 실시한다.

13. 옆으로 누워서 발목 잡기

옆으로 누워서 고개를 들고 왼손으로 왼쪽 발목을 잡는다. 10~15초간 좌우 방향으로 실시한다. 호흡은 자연스럽게 한다.

14. 거북선 만들기

엎드린 자세에서 양 발목을 잡고서 고개를 들면서 다리도 당긴다. 10~15초간 유지한다. 호흡은 자연스럽게 한다.

15. 다리 잡고 오금 당기기

누운 자세에서 오른발을 왼쪽 무릎에 올리고 왼발 오금을 가슴 쪽으로
당긴다. 10~15초간 좌우 발을 실시한다. 호흡은 자연스럽게 한다.

16. 공 만들기

앉은 자세에서 무릎을 잡고 엉덩이, 등 순서로 왔다 갔다를 반복적으
로 한다. 10회 정도 왕복운동을 한다.

3장. 만드는 7가지 기술
회복력 강한 아이로

욱하는 감정을 다스리는 모습을 보여줘라

몇 개월 전 인터넷에서 황당한 사건을 봤다. 교차로에서 직진하려고 기다리고 있는 앞차에 우회전하려던 뒤차가 안 비켜준다고 클랙슨을 "빵" 울렸다. 그랬더니 앞차 운전자가 망치를 들고 가서 뒤차의 앞 유리를 내리치는 사건이 있었다. 욱해서 벌어진 일이다.

앞차 운전자는 무엇 때문에 클랙슨 한 번에 그토록 화가 났을까? 그토록 화를 낼 일인가 하는 생각이 든다. 나도 운전을 하지만 주위에 운전하는 사람들 중에 기다리지 못하는 사람들이 종종 있다. 특히 골목길에서 마주치면 양보하지도, 비켜주지도 않는다. 그냥 마냥 기다린다. 조금 비켜주면 지나갈 수 있는데도 말이다. 이처럼 요즘 시대는 기다려주지도 않으며, 내 것을 누군가 가져가서 손해 본다는 생각이 들면, 모두 화를 내고 욱하는 모습을 보인다.

얼마 전 A와 B가 놀고 있었는데, A아이가 던진 공이 B아이 얼굴에 맞았다. B아이가 바로 A아이를 공으로 공격을 했다. "왜 얼굴을 때려? 너도 맞아" 하며 공을 다시 A의 얼굴에 던졌다. 그래서 A와 B는 서로 싸웠다. 이야기를 들어 보니 A아이는 B의 얼굴을 맞히려고 던진 게 아니라 그냥 던졌는데 얼굴에 맞은 것이다. A아이도 바로 "미안해" 하고 이야기하면 넘어갈 일인데, 머뭇머뭇하다가 말할 타이밍을 놓쳤던 것이다. B는 A가 사과를 빨리 안 해서 자기도 A에게 공을 던졌다고 이야기했다. 이런 아이가 한두 명이 아니다. 많은 아이들이 사소한 일로 싸운다.

도장에 처음 온 다섯 살 인철이는 제 뜻대로 안 되어 화가 나면 막무가내 행동을 한다. 아이들과 게임을 하다가 자기편이 지면 화를 내기도 하고, '나 안 해' 하며 중간에 그만두기도 한다. 집에서는 게임을 하다가 자기 마음대로 안 된다고 게임기를 집어던지기도 한다고 한다. 더 심각한 것은 야단맞을 때의 행동이다. 잘못을 지적받거나 야단을 맞으면 손으로 자기 얼굴을 때리거나 벽에 머리를 박는 행동도 하며, 울고불고 난리를 친다. 그런데 인철이 아빠는 초장에 나쁜 버릇을 잡아야 한다며 무섭게 혼을 냈다고 한다. 1시간이고, 2시간이고 벌을 세우고 때로는 매를 들기도 했단다. 하지만 나아지는 것은 그때뿐, 며칠 지나면 또 같은 사태가 벌어졌단다. 엄마는 걱정이 많아서 태권도장으로 상담을 하러 오셨다. 그래서 나는 이야기를 다 듣고 엄마에게 이야기했다.

"세 살에서 다섯 살까지의 아이들이 화가 난다고 물건을 집어던지는 이유는 의사 표현을 제대로 할 수 없는데다 감정을 조절하는 법을 배우지 못했기 때문입니다. 또한 다른 사람으로부터 자신을 지키려고 하는 방어본능이기도 합니다. 그러나 이런 행동은 서서히 나이가 들고 성장하면서 의사표현 방법을 익히고, 감정조절 능력을 갖추게 되면 점점 나아집니다."

그래서 도장에서는 게임하기 전에 자세한 설명과 함께 아이를 지도했다. 수업에 들어가기 전에는 눈을 마주 보며 나의 진심을 이야기해줬다. 그리고 형들의 행동과 운동하는 모습을 지켜보게 하고 서로 이야기를 나눴다. 도장에 있는 휴게실에서 형, 누나, 친구들이 노는 모습을 지켜보게 하고 좋은 행동을 칭찬해주니 서서히 아이의 인성이 자리를 잡기 시작했다. 집에서 부모는 일관성 있게 훈육해야 한다. 일관적이지 못하면 이런 아이들은 공격적인 아이가 될 수 있다. 혼내는 과정에서 아이의 자존감이 상처받지 않았는지도 살펴봐야 한다. 화를 참고 자제하는 일이 얼마나 훌륭한 일인지 알려주고, 화를 참았다면 아끼지 말고 칭찬해줘야 한다. 부모 자신도 평소에 어떻게 화를 내는지 돌이켜봐야 한다.

주언이는 욱하는 성격이 있다. 아이들과 싸운 주언이에게 이유를 물어보니 자신만 친구가 핸드폰을 게임을 안 시켜준다고 했단다. 순서대로 시켜주고 있었는데, 주언이 차례가 되니까 친구는 학원을 가야 해서 그냥 가겠다고 했다는 것이다. 기다렸던 주언이는 자신만 게임을 안 시켜주는 것 같아서 속상해 친구에게 화를 내고 싸웠던 것이었다. 그런데 더 심한 일은 그 이후에 일어났다. 나는 사무실로 주언이를 데리고 가서 잘 설명했는데, 주언이는 내가 그 친구 편만 들어줬다고 생각한 것이었다. 나에게도 성질내며 벽을 치면서 화를 냈다. 그래서 나는 주언이에게 앉으라고 이야기하고 조곤조곤 이야기를 들은 후 아이에게 내가 힘이 세다는 것을 보여줬다. 분노조절장애가 있는 것 같아서 상대가 더 힘이 세다는 느낌이 들게 해줬더니 얌전해졌다. 그 후 다시 아이의 이야기를 들어주었다. 주언이는 엄마에게도 화를 잘 낸다고 이야기했다.

지금 주언이는 운동을 통해서 조금씩 좋아지고 있고, 변한 아이의 모습에 엄마도 남자아이 교육에 관한 책을 보며 공부를 한다고 한다. 엄마는 "관장님 덕분에 저도 이제부터는 남자아이에 대한 공부도 좀 하고, 주언이에게 화도 덜 내고 칭찬도 더 해줄 생각입니다"라고 말씀하셨다. 아이들이 변화하는 만큼 부모는 더 바뀌어야 한다. 감정을 다스리는 법은 결국 부모의 변화가 선행되어야 한다.

주언이에게 교육한 방법은 다음과 같다.

첫 번째, 아이가 충분한 스트레스를 풀 수 있도록 태권도 겨루기 선수반에 가입시켰다. 주언이는 겨루기 선수반에서 2시간 동안 운동을 한다. 수, 목, 금 3일은 실전 태권도와 태권도 시합 겨루기 연습을 중점적으로 하기 때문에 치고받고 몸으로 부딪치는 수업을 한다. 이 수업을 통해서 아이의 스트레스와 행동이 수정, 보완되기 시작했다.

두 번째, 다이어트를 시켰다. 과체중이면 자연스럽게 활동량이 줄어들고, 핸드폰이라든지 침대에서 생활하는 시간이 많아서 짜증이 늘게 되어 있다. 활동량을 두 배로 늘려서 살이 빠질 수 있도록 했다. 체중이 정상이 되면 아이의 생활도 활기차게 되면서 긍정적인 생각과 바른 행동이 많이 나온다.

세 번째, 아이의 마음을 많이 이해해줬다. 아이가 힘든 훈련을 해내고 있었기 때문에 칭찬과 격려를 계속해줬다. 그리고 자주 기분 상태를 물어봐줬다. 자신을 이해해주니 주언이도 속마음을 터놓고 이야기하기 시작해서 관계성도 좋아지고 있다.

네 번째, 규칙적인 운동을 하도록 응원해줬다. 규칙적인 운동을 통해서 스트레스를 풀고, 다이어트도 할 수 있다. 규칙적인 생활로 인해서 몸은 정상 반응을 하게 된다. 불규칙한 운동습관, 생활습관을 가지면 바른 행동이 나오기가 쉽지 않다. 욱하는 성격의 아이들은 규칙적으로 활동하게 하고, 운동을 필수적으로 해주는 것이 좋다.

감정과 기분을 조절하는 방법은 긍정적이고, 규칙적인 행동을 반복하게 하는 것이다. 욱하는 성격을 가진 사람에게 추천하는 운동방법은 지구력운동을 해주는 것이다. 예를 들면 마라톤, 장거리 달리기, 사이클 오래 타기, 산행, 장거리 수영 등이다. 이러한 장거리 지구력운동을 통해 머릿속을 비우고, 바른 생각을 하게 해 행동을 수정하는 것이다.

02

야단친 뒤
아이의 마음을 보살펴줘라

꼰대는 은어로 '늙은이'를 이르는 말이자 학생들의 은어로 '선생님'을 이르는 말이다. 즉, 권위를 행사하는 어른이나 선생님을 비하하는 뜻을 담고 있다. 최근에는 자신의 경험을 일반화해서 자신보다 지위가 낮거나 나이가 어린 사람에게 일방적으로 자기 뜻을 강요하는 꼰대 짓을 하는 사람을 가리키는 의미로도 사용되고 있다. 꼰대라는 단어는 영국 BBC 방송에 의해 해외로도 알려진 바 있다. BBC는 2019년 9월 23일 자사 페이스북 페이지에 '오늘의 단어'로 'Kkondae(꼰대)'를 소개하며, '자신이 항상 옳다고 믿는 나이 많은 사람(다른 사람은 늘 잘못됐다고 여김)'이라고 풀이했다. 40, 50대 직장인 상사들 중에는 자신의 이야기만 하는 사람을 지칭하기도 한다. 꼰대들은 아직도 자신의 젊은 시절 이야기를 하며 본인의 젊은 시절 경험을 타인에게 강요하기도 한다.

제자 중 복인이가 있는데, 이 친구는 나에게 운동을 배워서 용

인대학교 태권도학과를 들어간 친구다. 복인이는 군대도 센 부대를 갔다 왔다. 그래서 정신력도 강하고, 체력도 강한 친구다. 복인이가 군대를 제대하고 학교에 복학을 했을 때다. 학교 수업을 마치고 서울로 오는 길에 복인이를 차에 태워줬다. 집으로 올 때까지 이야기를 주고받았는데 어느 순간부터 내가 아이를 혼내면서 잔소리를 하고 있었다. "군대 갔다 왔으면 열심히 살아야 한다", "군대 제대했으니 이제부터 판을 바꿔서 제대로 해야 한다", "엄마가 고생하니 너라도 열심히 공부해야 한다" 등 무수히 많은 잔소리를 했다. 어찌나 잔소리를 많이 했는지 그날 이후로 복인이는 내 차를 절대 타지 않으려고 했다. 미처 몰랐다. 아이에게 좋은 이야기를 해주고 싶었는데, 그러려면 공감하고 이야기를 들어줬어야 하는데 내 이야기만 주구장창 했으니 얼마나 고통스러웠을까. 그 일만 생각하면 마음이 아프다. 그래도 복인이는 몇 년 후에는 자신의 분야에서 성공하는 사람이 되어 있을 거라는 믿음이 있다.

그 일 이후로 나는 젊은 사람들에게 충고할 때는 상대의 이야기를 충분히 듣고 이야기한다. 그리고 이야기하면서 상대가 받아들일 준비가 되어 있지 않으면 이야기를 하지 않는다.

책에서 본 이야기인데 코칭을 할 때 하면 좋은 방법을 소개하고자 한다. 코칭을 할 때 누군가에게 조언을 할 때는 밥을 사주라고 이야기한다. 첫날 만나서 밥을 사주면서 자연스러운 이야기를 하고 절대 조언은 하지 않는다. 두 번째 만날 때도 밥만 사주라고 이야기한다. 세 번째 만날 때도 밥만 사주고 자연스러운 일상 이야기만 하고 헤어진다. 네 번째 만날 때도, 다섯 번째 만날 때도 마찬가지다. 여섯 번째쯤 만날 때 코칭하고 싶은 것을 조금만 이야기해주면 대부분 상대가 행동을 수정하면서 코칭이 이뤄진다. 절대 첫 만남부터 조언하지 않는다. 상대와 친해져야 이야기가 되기 때문이다.

태권도를 가르치는 입장이다 보니 아이와의 첫 만남부터 가르치려고 한다. 나는 사범님들에게 이야기한다. "아이와 친해지기 전까지 가르치려고 하지 마라. 그냥 친하게 지내라. 그리고 아이가 사범님께 마음을 열기 시작하면 그때부터 조금씩 가르쳐라"라고 이야기한다.

요즘 아이들은 대개 자존감이 높고, 스스로 최고라고 생각하는 아이가 많다. 한번은 도장에서 피구 게임을 하는데 원석이라는 아이가 공에 맞는 것을 보고 아웃을 시켰는데, 자신은 안 맞았다고 주장했다. 그러고는 게임 시간 내내 토라져서 게임을 방해했다. 자신은 맞지 않았는데 사범님이 맞았다고 했다고 이야기하는 아이를 사무실에 불러서 조용히 이야기했다. "사범님은 네가 공에 맞는 소리를 들었다. 네가 입은 옷에 공이 닿아 소리가 들렸으니 네가 맞은 게 아니냐?"고 이야기했다. 그러니 그제야 사범님 말이 맞다고 수긍했다. 아이들과의 문제에 있어서 명분이 정확하지 않으면서 어른이라고 주장하면 안 된다. 시대가 바뀌어서 정보도 빠르고 아이의 머리도 좋아졌다. 이해속도와 감정을 표현하는 능력도 좋아지고 있다. 따라서 혼을 내기 전에 반드시 아이가 뭘 잘못했는지 이야기해줘야 한다. 그리고 명확하게 무엇 때문에 혼난다고 이야기를 해줘야 한다. 무턱대고 화부터 낸다든지 혼내는 행동은 해서는 안 될 행동이다.

세계적인 축구 명장들의 전기나 책들을 살펴보면 나오는 공통점이 있다. 2002년 월드컵 감독으로 우리나라 축구팀을 4강에 올린 히딩크(Hiddink) 감독은 선수 선발 후 꼭 선수 선발에 관해 모든 선수들에게 이야기해줬다. 왜 이 선수가 뛰어야 하는지 이야기해주고, 못 뛰는 선수들은 일일이 찾아가서 왜 못 뛰는지 자세히 이야기해줬다고 한다. 박지성 선수가 뛰었던 맨체스터 유나이티드의 알렉스 퍼거슨(Alex Ferguson) 감독도 무섭고 불같은 성격을 소유한 감독이었지만, 선수를 위해서는 어떠한 일도 자신이 책임졌다. 현재 손흥민 선수가 뛰고 있는 영국 토트넘 홋스퍼의 조제 무리뉴(Jose Mourinho) 감독도 마찬가지다. 엔트리에 들어가서 그날 시합을 못 뛰는 선수들에게 서운한 감정이 안 생기도록 감정을 풀어준다고 한다. 세계적인 축구 명장들의 이야기를 보면, 선수들은 아무리 감독이 혼내고 야단을 쳐도 서운한 감정은 없다고 한다. 이러한 마음가짐으로 인해 선수들이 경기장에서 최고의 실력을 낼 수 있는 것인지도 모른다.

회복력이 강한 아이로 성장시키기 위해서는 야단치고 혼냈으면 아이의 마음을 보살펴줘야 한다. 《틀 밖에서 놀게 하라》의 김경희 박사는 "논리적으로 훈육을 하라"고 말한다. 논리적 훈육은 아이의 행동을 세세하게 지시하는 대신에 아이 행동의 큰 틀이나 한계를 미리 정해 아이에게 설명하고, 아이가 그 논리를 따라오게 하는 훈육이다. 부모가 논리적이지 못하면 아이의 논리에 빠져나오지 못하게 된다. 이런 우를 범하면 안 된다.

아이를 야단칠 때는 꼭 이해시키면서 야단쳐야 한다. 야단치면서 아이와 신뢰 관계를 망가뜨리지 않고 야단치는 3가지 방법이 있다.

첫 번째, 나 자신도 아이를 혼내는 과정에서 선을 지키고 있는지 확인해야 한다. 무작정 잘못했다고 혼내는 것이 아니라, 나 자신도 혼내는 규칙을 지키는지 확인하고 야단쳐야 한다.

두 번째, 명확하게 사실을 이야기해줘야 한다. 혼내는 이유를 사실에 근거해 구체적으로 이야기해야 한다. 모호하게 이야기하면 안 된다. 만약 명확하지 않다면 혼내서는 안 된다.

세 번째, 아이가 스스로 생각하고 느낄 수 있도록 해야 한다. 일방적인 가르침이 아닌 "이런 행동을 하면 네가 생각하기에 어떨 것 같아?" 하며 아이의 생각을 물어보는 것이 좋다.

서운함이 생기면 만사가 하기 싫어진다. 반드시 기억하자.

외적 동기보다
내적 동기를 가르쳐라

군대 갔을 때 느꼈던 감정은 '힘들다'였다. 몸도 힘들고, 마음도 힘들고 모든 것이 힘들다. 특히 내가 군대 갔을 때는 암기해야 하는 것이 많았다. 선배들의 이름, 계별 서열, 군가, 암호 등 모든 것을 외워야 했는데, 그것도 짧은 시간에 외워야 해서 힘들었다. 뛰고, 몸으로 하는 것은 힘들지 않았는데, 머리로 외우는 것이 힘들었다. 그런데 신기하게 군대에서는 하루 이틀 만에 모든 것이 외워졌다. 다름 아닌 얼차려 때문이었다. 대표적인 외적 동기다. 군대생활에 자신감이 붙기 시작해서 열심히 군생활을 해야지 하고 열심히 하는 모습은 내적 동기가 충만해지는 것이다. 외적 동기는 혼나는 것, 돈 받는 것 같은 상황이나 타인에 의한 자극이고, 내적 동기는 스스로 하고 싶은 마음이 드는 것이다.

선생님, 지도자, 부모 중에 하수는 혼내면서 가르친다. 욕하면서 가르치는 것이다. 이런 부모나 선생님, 지도자 밑에서 배우는 아이들은 좋은 성적을 빨리 내는 경우가 종종 있다. 안 좋은 방식이지만 부모들 중에는 이런 방식을 좋아하는 부모들도 있다. 왜냐하면 아이의 성격을 가장 잘 알기 때문에 이렇게 해서라도 아이의 성적을 올리고 싶기 때문이다. 이러한 부모나 선생님, 지도자는 하수 중에 하수다. 혼내고, 목소리 크게 하는 방식은 너무나 즉흥적이고 쉽다. 이러한 교육방식은 자제해야 하는 방법이다. 아이를 꾸짖어 가르치는 것은 보통 부모, 선생님, 지도자다. 스스로 모델이 되어 알려주는 부모, 선생님, 지도가가 고수다.

태권도장에서 국기원 승품심사를 위해서 품새를 가르칠 때가 있다. 이때 제일 먼저 아이들에게 해주는 말이 외적 동기와 내적 동기다. 외적 동기와 내적 동기 중 아이들이 원하는 수업을 해주겠다고 이야기하면 아이들도 이해하고 열심히 따라온다. 외워야 하는 수업은 외적 동기보다는 늦게, 천천히 이해하더라도 내적 동기를 끌어줘야 아이가 보다 긍정적이고 최선을 다한다.

학교 다닐 때 늦은 시간까지 공부하고 나오면 왠지 모르게 뿌듯한 마음이 생겨서 기분이 좋다. 내적 동기다. 자신이 목표한 것을 이뤄내서 뿌듯하다. 자신이 세운 방법대로 일을 해낼 때 느끼는 감정을 우리는 내적 동기라고 이야기한다. 우리 아이가 어릴 때 내적 동기를 확실히 교육해줘야 한다. 습관이 들어야 한다. 내적 동기를 쌓을 수 있도록 부모는 도와줘야 한다.

창섭이는 초등학교 1학년인데, 엄마 아빠가 맞벌이를 한다. 그러다 보니 뭐든 아이에게 돈으로 해결했다. 엄마는 측은한 마음에 아이에게 잘 해주지 못하고 있으니 돈으로 보상해주려고 했다. 창섭이에게 뭘 시키면 "돈으로 주세요", "얼마 주실 거예요?" 하며 돈으로 이야기했다. 창섭이가 체중이 많이 나가니 엄마는 또 돈으로 이야기했다. "몇 킬로 살을 빼면 엄마가 돈을 줄게" 하고 이야기했다. 이런 아이를 만나면 지도하기 힘들다. 부모는 외적 동기로 아이를 훈육하면 안 된다. 아이에게 성취감을 심어주기 위해서는 점점 큰 것을 줘야 하기 때문이다.

아이에게 내적 동기를 잘 설명해주고, 결과보다 과정의 중요성을 교육하고 칭찬과 격려를 해야 한다. 대부분의 아이들이 외적 동기에 반응하고 내적 동기에 잘 반응하지 않는 것은 외적 동기는 눈에 보이는 것이고, 내적 동기는 눈에 보이지 않고, 또 느리기 때문이다.

아이의 내적 동기를 높일 수 있는 격려를 많이 해야 한다. 내적 동기는 자존감을 높일 수 있다. 딸 유림이가 운동을 그만둔다고 했을 때 나는 많이 서운했다. 아빠가 한 운동을 딸도 이어받아서 아빠의 못 이룬 꿈을 이뤄주기를 바랐던 것이다. 그래서 서운했다. 하지만 학년이 올라가고 유림이가 공부할 때 나는 공부 이야기보다 뭐든 네가 원하는 것을 하라고 조언했다. 그렇게 하니 아이 스스로 공부하는 것을 느꼈다.

내가 만났던 부모들은 하나같이 똑같다. 바른 아이들의 부모들은 자녀에 대한 칭찬이 인색하지 않다. 특히 남들 앞에서 칭찬을 자주 해준다. 그런 부모에게서 자란 아이는 자존감이 높으며, 회복력이 뛰어나다.

태권도장을 2년째 다니고 있는 6학년 덕희는 매일 혼이 난다. 엄마, 아빠가 아이를 믿지 못해서 매일 도장으로 확인 전화가 온다.

"사범님, 덕희 오늘 수업 왔나요?"
"사범님, 오늘 덕희 수업했나요?"

덕희를 보면 노는 것을 좋아하고, 친구관계도 좋다. 게임도 잘하고 성격도 순해서 아이들을 잘 도와준다. 특히 동생들을 잘 가르친다. 그런데 집에서는 부모에게 매일 혼났고, 부모는 아이를 믿지 못해 번번이 도장에 전화를 했다. 한번은 온 가족이 와서 덕희를 찾았다. 아이가 어디에 놀러가서 집에 안 들어왔다는데 엄마 말이 이랬다.

"우리 덕희 좀 혼내주세요. 이 녀석을 혼내야겠어요."

아이를 향한 걱정보다 혼내는 이야기뿐이었다. 부모님에게서 2년 동안 덕희를 칭찬해주는 이야기를 들은 적이 없다. 그래도 도장에서는 사범님들이 덕희를 칭찬해준다. 조금만 잘하면 칭찬하고 격려해준다. 그러면 아이는 정말 열심히 하고 잘하는데, 집에만 가면 이상한 아이가 된다. 부모가 칭찬에 인색하다. 그러면서 아이를 점점 크게 혼내기만 하는 것이다.

《누가 내 치즈를 옮겼을까?》에서 스펜서 존슨(Spencer Johnson)
은 "1분이라는 짧은 시간에 아이에게 꾸중하고 칭찬하는 방식으로
아이를 변화시킬 수 있다"라고 말했다. 아이들의 행동이 올바르지
못할 경우, 처음 30초 동안은 그들을 꾸짖되, 구체적으로 지적하고
부모의 감정을 분명히 말해준다. 그리고 10초 정도 긴장감을 조성
하기 위해 잠시 침묵한다. 그런 다음 20초 동안 감정을 가라앉히고
사랑을 표시한다. 아이의 행동이 잘못됐지만 아이 자체는 착하다는
암시를 줘야 한다. 이런 모든 것을 1분 안에 끝내야 한다. 1분 칭찬
은 아이가 올바른 행동을 했을 때 30초 동안 그 행동에 대해 구체
적으로 칭찬한다. 그리고 10초 동안 잠시 침묵을 유도해 아이들이
흐뭇한 감정을 갖도록 한 뒤, 나머지 20초 동안 아이를 껴안아주는
등의 긍정적인 제스처를 취하면서 칭찬을 끝낸다. 칭찬은 내적 동
기를 높일 수 있다.

나는 아이 앞에서 잘못했을 경우 "이건 아빠가 잘못한 거네. 미
안해. 아빠가 다시 할게"라고 말한다. 아이들을 지도할 때도 실수
한 부분에 관해서는 반드시 사과한다. "미안해. 관장님이 잘못했
네" 하고 바로 잘못을 시인한다. 아이 앞에서 잘못을 인정하고 결
과를 책임지는 모습은 아이의 책임감을 키우는 좋은 방법이다. 덤
으로 아이의 자존감도 상승한다. 자신의 행동을 책임지고 앞으로
나아가는 힘이 자존감이다. 잘못을 잘못이라고 인정하는 힘, 앞으
로 걸어 나가는 힘이 바로 자존감이다. 내적 동기가 높을수록 자존
감은 높아진다.

눈치 보는 아이로
만들지 마라

태권도를 가르치다 보면 많은 아이를 가르치게 된다. 그러니 아는 부모들도 많다. 부모들 중에는 나의 교육철학이랑 잘 맞는 부모들도 있고, 그렇지 않은 부모들도 더러 있다. 나의 교육철학은 '강하고 바르게', '정도무패'다. 이 두 가지가 나의 교육철학이다. 강하고 바르게는 운동을 강하게 하고, 태도가 바른 것을 의미한다. 운동을 가르치다 보면 약한 아이들이 있다. 이런 친구들의 부모들은 대부분 약하다. 아이가 조금만 힘들어 하면 바로 도장으로 전화한다. "사범님, 아이가 운동하는 걸 힘들어 해요. 살살 해주세요", "사범님, 우리 아이가 태권도 가기를 싫어해요", "힘든 걸 조금만 시켜도 힘들어 하니 조금만 시켜 주세요" 하고 이야기하는 부모들이 있다. 아이들이 힘들어 하는 것은 2가지 이유가 있다.

첫 번째, 자기가 잘못해서 힘들어 한다. 두 번째, 다 외우지를 못해서 심사에 떨어지는 게 두려워서 힘들다고 이야기한다. 세 번째, 준비물이라든지, 개인 장비가 없어서 힘들다고 이야기한다. 이처럼 진짜 운동이 힘들어 이야기하는 친구들은 별로 없다. 대부분 자신이 못한다고 생각하고, 부모가 나를 어떻게 생각하는지에 대한 두려움, 장비가 없어서 가기 싫어서 등 이런저런 이유로 힘들다고 표현하는 것인데, 부모는 진짜 힘들구나 하고 바로 도장으로 전화를 하는 것이다. 공부도 마찬가지고, 뭐든 배우면 외워야 하고, 시험을 봐야 한다. 그래야 다시 동기 부여를 받고 지도자나 선생님도 아이의 수준에 맞춰서 교육을 계획하고 가르치게 되는 것이다.

그런데 힘들다고 하고, 도장이나 학원에 안 간다고 하면 부모들은 아이를 잘 설득해야 하는데 논리적으로 설득하지를 못한다. 그러다 보니 모든 것을 학원이나 도장에 이야기하는 것이다. 이때 아이에게 "반드시 가야 해. 우리는 학원비를 냈고, 너는 교육을 받는 것이 의무이기 때문에 해야 해" 하고 엄마가 강하게 이야기하면 아이가 해내는 것을 많이 봤다. 우리 딸들도 마찬가지다. "꼭 학원을 가야 한다. 뭐든 학원 선생님이랑 상의하고 이야기를 들어라" 하고 교육하니 학원을 가고, 안 가고의 문제는 부모에게 이야기하지 않는다. 이처럼 체력적으로 강한 아이지만 정신적으로도 강한 아이를 만들고 싶은 게 나의 교육철학이다.

도장에 체력과 체격 그리고 머리도 아주 좋은 진서가 도장에 들어왔다. 진서는 어찌나 체격이 좋은지 초등학교 3학년인데 몸은 초등학교 5~6학년 수준이었다. 머리도 좋아서 공부도 잘한다. 그런데 진서는 유치원 시절부터 배가 아프다고 이야기를 하면 직장생활하는 엄마가 난리가 났다. 유치원에 전화하고, 아이를 데리고 병원에 가고 그랬다. 그런데 학교에 가서도 배가 아프다고 양호실을 많이 가니 선생님도 특별히 조치를 취하지 않았다. 그렇게 3학년이 되니 이제는 막무가내였다. 도장에서도 조금만 힘들면 바로 엄마에게 전화해서 아프다고 이야기하고 쉬었다. 그런데 가만히 지켜보니 아이에게서 패턴이 보이기 시작했다. 힘든 게 정말 힘든 게 아니라 자기가 하기 싫은 게 나오면 바로 아프다고 이야기하는 것이었다. 그렇게 이야기하면 엄마가 바로 반응하고 움직여 주니 아이는 배가 아프다는 말을 달고 살았다. 지각해도, 어떤 행동을 해도, 누구 하나 뭐라고 하지 않았다.

하루는 진서가 수업 분위기를 망치고, 친구에게 욕하고, 사범님에게도 욕을 했다. 그래서 진서 엄마에게 "이제는 더 이상 아이를 못 가르치겠습니다"라고 말했다. 그러자 방금 전까지 사범님에게 욕하고 그것 때문에 혼나고 있던 아이는 엄마에게 조용한 목소리로 "엄마, 제가 집에 가서 말씀드릴게요. 엄마, 사랑해" 하는 것이었다. 이 소리에 엄마는 자기 아들은 잘못이 없는 아이로 생각할 것이다. 나는 그 전화 후에 엄마에게서 전화나 상담이 있을 줄 알았다. 하지만 그날 이후로 아이는 동네 놀이터를 돌아다니는 아이가 됐다.

대부분의 엄마들이 남자아이의 성향에 대해 너무 모른다. 이럴 때는 아이의 이야기와 다른 사람의 이야기를 다 들어봐야 한다. 그런데 자신의 아이 말만 믿고 이야기를 한다. 그렇게 아이가 눈치를 보며 세상을 살아가게 만든다. 특히 남자아이의 말은 50%만 믿는 것이 정신 건강에 좋다. 아이는 자신이 유리한 쪽으로 이야기하는 특성이 있다. 불리한 이야기는 잘 안 한다. 그러니 반드시 다른 사람의 이야기도 들어야 한다.

기철이랑 태호는 이종사촌 간이다. 하루는 기철이 엄마에게서 연락이 왔다. 도장 애들이 기철이를 때렸다는 것이었다. 그리고 태호가 그것을 봤다고 이야기했다고 했다. 어머니가 "관장님, 어떻게 애들을 때리게 가르치나요?"라고 전화로 따지듯 이야기했다. 그래서 도장에 CCTV가 있어서 확인해보니 사실은 기철이가 아이를 때렸다. 그리고 그것 때문에 혼날 것 같아서 집으로 바로 간 것이었다. 가면서 전화로 엄마에게 그렇게 이야기하니 엄마는 흥분해서 전화를 했던 것이다. 그래서 태호, 기철이 엄마를 다 오시라고 하고 CCTV를 보여줬다. 그러니 두 분 다 부끄러워 하셨다. 이런 일들이 남자아이를 가르치다 보면 허다하다. 그러면 왜 아이들은 이렇게 거짓말이랑 눈치 보는 행동을 하는 것일까? 이것은 엄마들이 아이들의 말에 쉽게 움직이기 때문이다. 남자아이가 이야기하면 절대 쉽게 움직이면 안 된다. 그런 일이 있을 때 "알았어, 엄마가 알아볼게" 이야기하고 조용히 사실관계를 알아봐야 한다.

이런 일로 10명이 상담하면 10명 중 10명 모두 아이들에게 부모가 속는다. 아이를 너무 믿고 우리 아들은 그렇지 않을 것이라고 생각하는 엄마들을 많이 봤다. 절대로 아이 앞에서 선생님을 무시하는 발언, 지도자를 욕하는 행동을 해서는 안 된다. 이러한 행동이 아이를 눈치 보면서 이중적으로 행동하는 아이로 만들게 된다. 잘못한 것은 혼내야 하고 따끔하게 충고해야 한다. 단, 너무 자주 그러면, 엄마, 아빠의 말의 힘이 약해진다. 기다리고 기다렸다가 한번 크게 이야기해야 한다.

미국의 태권도장에서 있을 때 보니 모든 부모들이 아이의 훈련하는 모습, 운동하는 모습을 수업이 마칠 때까지 지켜봤다. 아이가 혼나는 모습도 왜 혼이 나는지 이유를 이야기하지 않아도 부모가 지켜보기 때문에 안다. 그리고 우리나라 옆 일본, 중국도 태권도장에는 부모들이 수업을 참관한다. 이렇게 하니 아이들 스스로 행동을 통제하고, 수업 분위기도 좋다. 그리고 더 중요한 사실은 부모가 아이의 성격에 대해 더 잘 파악하게 된다. 그래서 우리 도장도 엄마들이 구경 오길 바란다. 도장에 와서 아이의 행동 하나하나를 지켜보길 원한다. 힘든 운동을 할 때 아이가 버텨내는 모습, 즐거운 게임을 할 때 아이의 행동, 쉬는 시간에 친구들과의 관계, 왜 아이가 힘들다 하는지, 칭찬은 어떻게 받는지 등 모든 행동에 관해 직접적으로 알게 되는 계기가 된다.

이러한 교육을 하면 아이가 더는 눈치를 보지 않는다. 집에서도 부모는 칭찬과 격려를 통해 아이의 자존감을 살려주면서 교육해야 한다. 눈치를 본다는 것은 뭔가 불안하고 불안장애를 보이는 행동이다. 이렇게 원인을 알고 대처하면 교육할 수 있을 것이다. 또한 아이가 거짓말을 하는지, 집에서의 행동과 밖에서의 행동이 다른지, 선생님 앞에서 행동과 친구끼리 있을 때 행동이 같은지를 살펴야 한다. 아이가 어릴 때 규칙적으로 관찰해서 이중적인 행동을 하지 않고 본성이 좋은 아이로 거듭날 수 있게 하는 것이 부모의 역할이다.

남을 의식하지 않는 아이로
키워라

엄마들은 아이가 학원을 다니다가 어떤 이유인지 그만둘 때 그냥 학원을 보내지 않는다. 그리고 "끊었다"라고 이야기한다. 이 말은 내 위주로 학원을 끊었다는 것이다. 아이도 끊었다고 한다. 이렇게 자기 위주로 이야기하게 된다. 운동을 하다가 그만두는 경우가 있다. 이것은 운동이 싫증나서 그만두기도 하고, 형편이 어려워서 그만두기도 한다. 또는 학업이나 이사 때문에 그만두기도 한다.

나는 지금까지 많은 학부모를 만났지만, 원석이 엄마를 잊을 수 없다. 원석이는 나에게 운동을 배운 지 4년이 넘는 아이였다. 원석이는 상급학교에 진학하기 위해 이사하면서 그만뒀다. 원석이 엄마는 전화를 나에게 걸어서 "관장님, 직접 찾아뵙고 인사를 드려야하는데, 죄송합니다. 우리 가족이 이사를 가게 되어서 도장을 그만두게 됐습니다"라고 인사하셨다. 그리고 카톡으로 그동안 있었던 감사의 내용을 보내줬다. 몇 시간 후 원석이가 도장에 와서 나에게

손 편지와 함께 인사를 하고 갔다. 아이의 이런 모습이 어찌나 당당하고 자신감 넘치는지 모를 것이다. 원석이는 이사 가서도 운동을 병행하며 공부도 열심히 한다고 한다. 이처럼 부모가 아이와 함께 그동안 가르쳐주셔서 감사하다는 말을 선생님 앞에서 당당하게 이야기해야 아이도 당당해질 수 있다. 그렇게 교육해야 한다.

내가 졸업할 무렵이었던 1999년은 IMF 외환위기를 겪고 있는 시기였다. 그래서 취업도 어렵고 나라 경제가 엉망이었다. 그 시절에 서울클럽을 입사하게 됐다. 앞에서 언급했지만, 서울클럽은 1904년에 고종이 외국인 외교관을 위한 사교클럽을 만든 것에서부터 시작된 역사와 전통이 오래된 곳이다. 대한민국 부자의 0.1%가 다니는 곳인데, 서울클럽에서 나는 5년간 근무를 했다. 이곳에서 근무를 하면서 '부자는 생각보다 참 부지런한 사람들이구나'라는 생각을 많이 했다. 왜냐하면 그들은 정말 부지런했다. 매일 같은 시간에 규칙적으로 사람들이 운동을 한다. 비가 오나 눈이 오나 하루도 빠짐 없이 온다.

하루는 수영을 가르치기 위해 수영장을 가고 있었다. 앞에서 나가는 아이가 문을 열고 나가는데 양말을 신고 나가는 것이었다. 이 아이는 양말을 신고 수영장 사이드를 돌아다니면서 놀고 있었다. 한참을 놀고는 양말을 벗고 다시 다른 양말로 바꿔 신고는 다시 실내로 들어갔다. 이 모습이 참 충격이었다. 어린 시절 학교에 다닐 때 아침마다 양말이 없어서 전쟁을 치른 게 기억났다. 아직 마르지 않은 양말을 드라이기로 말려서 신고 가기도 했는데, 그 아이의 모습은 참 신선했다. '아, 저렇게 하면 되는구나. 비가 올 때면 양말 젖을까 봐 까치발을 하며 돌아다녔는데, 그러지 말고 양말을 두 개 가지고 가면 되는구나' 하는 생각을 하게 됐다. 양말은 얼마 되지 않는 돈이지만 대부분 한 개만 신고 다닌다. 그러다 보니 비라도 오면 조심해야 하고 움직임에 제한을 둔다. 하지만 이 아이처럼 젖더라도 그냥 막 신고 다니고, 더러워지면 갈아 신으면 된다.

대부분의 엄마들은 아이들이 놀이터에서 놀 때도 아이가 물장난을 치면 옷 젖는다고 이야기한다. 음식을 먹을 때도 아이 옷이 더러워질까 봐 아이에게 잔소리를 한다. 어릴 때부터 아이에게 놀이터에서 마음껏 놀게 하고, 집에 와서 샤워하고 옷을 갈아입게 하면 얼마나 아이가 잘 성장할까. 밥을 먹을 때 더러워지더라도 마음껏 먹으면 맛있게 먹을 것이다. 신발이 더러워져도 세탁하면 되니 마음껏 놀면서 재미있게 놀 수 있을 것이다. 우리는 아이를 이렇게 키워야 한다. 성장하면서 조심해야 할 시기도 있을 테지만, 미리 걱정할 필요는 없는 것이다.

치킨집에 가면 치킨을 먹을 때도 젓가락이나 포크를 가지고 먹는 아이들이 있다. 왜냐하면 엄마들이 그렇게 가르쳤다. 나는 아이가 치킨을 먹을 때 반드시 손을 닦고, 손으로 잡고 먹으라고 이야기한다. 손으로 잡고 먹으면 흘리지도 않고, 치킨도 더 맛있다. 옷에 묻을까 봐, 손이 더러워질까 봐 포크나 휴지에 싸서 먹는 아이들이 대부분이다. 손으로 잡고 먹는 아이의 사고방식과 더러워질까 봐 깨작깨작 먹는 아이의 사고는 시간이 흐르면 다른 것을 알 수 있을 것이다.

김어준은 우리나라의 대표적인 인터넷 언론인 〈딴지일보〉의 총수다. 〈딴지일보〉를 창간했던 1998년 당시 아무도 하지 않았던 정치인 시사풍자를 시작했다. 2011년에는 딴지 라디오 〈나는 꼼수다〉, 2016년 9월에 방송을 시작한 〈김어준의 뉴스공장〉의 진행자이기도 하다. 김어준은 자신감과 자존감이 상당히 높은 언론인이다. 그의 모친 이야기를 보면 어떻게 김어준이 당당하고 자유로운 영혼으로 자라났는지 알 수 있다.

30여 년 전 대학을 낙방하고 화장실 문을 걸어 잠근 채 울고 있을 때 그의 모친은 그 문을 뜯고 들어와서 위로 대신에 이렇게 말을 했다고 한다.

"그까짓 대학이 뭐라고. 내가 너를 그렇게 키우지 않았다."

뜯겨 나간 문짝을 보며 잠시 멍했던 김어준은 빵 터졌다. "고3 때 도시락도 안 싸줬으면서 뭘 그렇게 키웠냐?"는 그의 대꾸에 이번에는 모친이 빵 터졌다. 그건 맞다며…. 그 이후 그의 삶에서 청승과 자기 연민은 떠나갔다.

그의 모친은 그렇게 어떤 일로도 잘했다, 못했다고 평가하지 않았다. 어린 시절 공놀이로 남의 유리창을 깨는 따위의 자잘한 말썽에도 꾸중을 하는 법이 없었다. 네가 내라면서 그 청구서를 김어준

손에 쥐여 줄 뿐. 뭘 하라 말라 한 적이 없던 모친이 고등학교 시절 딱 한 번 그에게 하지 말라고 했던 주문은 "담배를 태우고 말고는 네 선택이나 목사님도 심방을 오시고 하니 방에서 피지 말고 밖에서 피라"였다. 하지만 그는 담배를 피기로 한 이상 숨어서 피고 싶지 않다고 방에서도 피겠다고 맞섰다. 그렇게 족히 1시간을 온갖 논리로 우기는 그를 한동안 바라만 보던 모친은 그의 뺨을 한 대 후려치고는 일어서며 말했다.

"펴라. 이 자식아!"

그렇게 어떤 금지도 없이 어른이 된 그는 나이가 제법 들어서야 깨달았다. 결과를 스스로 책임지는 한 누구의 허락도 필요 없고, 마음대로 살아도 된다는 나름의 살아가는 방식은 스스로 잘난 게 아니라 온전히 모친에게 빚을 지고 있다는 것을….

06

포기하지 않는
끈기 있는 아이로 성장시켜라

몇 해 전 베스트셀러가 된 《그릿》에서 앤절라 더크워스(Angela Duckworth)는 천재를 다음과 같이 정의했다. 천재는 '아무 노력 없이 위대한 업적을 내는 사람'이 아니라, '매일, 조금씩 될 때까지 탁월성을 추구하는 사람'이라고 했다. 시작은 누구나 한다. 하지만 '완성'은 아무나 하지 못한다. 성공의 정의는 '끝까지 해내는 것'이다.

아이들을 가르치다 보면 중간에 그만두는 아이들이 많다. 운동이 힘들어서 그만두는 경우도 많고, 싫증나서 그만두는 경우도 있다. 학업과 이사 때문에 그만둘 때도 있다. 하지만 요즘처럼 스마트폰 게임이 발달한 시대에는 아이들이 힘든 운동을 싫어하는 경우가 많다.

상렬이는 집에서 늦둥이다. 그러다 보니 엄마, 아빠의 사랑이 넘쳐난다. 상렬이는 쾌활하고 즐겁게 운동을 다닌다. 운동하면서 시간이 조금 지나다 보면 배우는 동작들이 많아지고 반복 숙달을 요구하는 훈련이 많아진다. 이럴 때 몇몇 아이는 싫증을 내고, 힘들다고 표현한다. 이런 아이의 말에 부모는 스트레스를 주기 싫어서, 또는 아이가 힘들어 하니까, 부담 주기 싫어서 그만 포기하고 다른 운동을 시키게 된다. 상렬이는 그래서 다른 무술도장을 또 다니기 시작했다. 한 3개월을 열심히 다니는 것 같았는데, 얼마 후 또 다른 도장을 다녔다. 상렬이는 어릴 때 밖에서 노는 것보다 집에서 지내다 보니 운동능력도 부족하고, 특히 키 성장이 정상적으로 되지 않아 또래보다 작은 키였다. 그래서 반드시 운동이 필요한 아이인데 자꾸 도장을 옮겨 다니고 있었다. 모든 운동의 시작은 단순하고 재미있지만, 수준이 올라가면 점점 반복 숙달을 요구하고, 정신을 차리지 않으면 외울 수 없는 동작들이 나오기 마련이다. 결국 상렬이는 동네 놀이터를 돌아다니며 체중은 많이 나가는 비만 아이가 되어 있었다.

어떤 종목의 운동을 하면 1년 단위의 사이클로 프로그램이 진행된다. 같은 프로그램이지만 수준에 따라 스피드와 움직임이 다르다. 보통 3년 정도 운동을 하면 수준급의 실력을 갖추게 되면서 운동이 재미있어진다. 축구도 1년 동안은 기본 기술을 익히고, 농구도 마찬가지다. 특히 태권도도 비슷하다. 하지만 3년 정도 같은 운동을 하면 수업 분위기, 경기 기술 모든 면에서 상위 클래스 수준이 된다. 이럴 때 운동을 하면 재미있다. 어른들이 다니는 동호회도 수준이 높은 사람은 그 동호회에서 재미있게 동호회 활동을 한다. 그런데 엄마들은 일정 시간이 되면 운동을 그만두게 하고 다른 것을 배우게 한다. 아이가 재미있게 운동하려고 하는데 말이다. 태권도 장에서도 1년 6개월 걸려서 딴 태권도 1품인 아이들보다 2~3년 걸린 2품, 3품 아이들이 훨씬 운동을 재미있고 즐겁게 한다. 우리 아이가 즐겁게 운동할 수 있도록 해줘야 한다.

우리 도장에서 하는 프로그램 중 '인내의 길'이라는 실천 걷기 프로그램이 있다. 인내의 길은 가장 추운 2월, 토요일에 시작한다. 유치원생은 6㎞, 1~2학년은 8~10㎞, 3~4학년은 12~15㎞, 5~6학년은 15~20㎞를 걷는다. 2006년부터 시작했으니 15년째 하고 있는 실천교육 프로그램이다. 학년별 친구들과 함께 아침부터 출발해서 늦은 오후에 도착한다. 인내의 길을 하다가 중간에 의지가 약해서 포기한 친구들은 지금까지 한 명도 없었다. 단, 발가락이 아파서 중간에 내가 데리고 온 아이는 몇 명이 있다. 그중 민영이는 이수역에서 내려서 한강 길로 걸어서 도장까지 오는 도중 성산대교 밑에서 발가락이 퉁퉁 부어서 결국 포기하고 내가 택시로 데려왔다. 민영이는 중간에 포기했다는 것이 마음에 걸렸는지 더 열심히 운동했다. 그 결과 다음 해에는 완주를 하고서 내 앞에서 울음을 터트렸다.

"관장님, 지난번에 포기해서 마음이 아팠는데, 오늘 드디어 제가 완주를 했어요. 앞으로 저는 뭐든 포기하지 않고 끝까지 갈 겁니다."

아이가 이렇게 이야기하는데 나도 모르게 눈물이 났다. 인내의 길을 하면서 느끼는 것은 이 프로그램을 하는 친구들은 학교생활과 친구들 관계가 좋다는 것이다. 자신감과 할 수 있다는 마음이 자리 잡고 있기 때문이다. 그래서 내가 제일 좋아하고, 반드시 실시하는 프로그램이다.

평상시 아이를 데리고 한강이나 또는 동네에서 버스 정류장 몇 개 구간, 지하철 몇 구간씩 걷는 것을 실천해보자. 주변 둘레길이나 집에서 출발해 지하철로 이동해 한강고수부지에서 내려서 집으로 4~6시간 걸려서 안전하게 걸어오는 것을 해보는 것을 추천한다. 먼 거리 같지만 막상 조금씩 아이와 걸어서 오면 어느 순간 집 앞까지 오게 된다. 처음부터 먼 거리가 아닌 조금씩 늘려 나가는 것이 좋다. 이러한 걷기를 통해 지구력도 생기며, 인내와 끈기도 자연스럽게 생긴다. 특히 성격이 급한 아이나 다혈질에 욱하는 성격을 가진 아이는 이러한 오래 걷기를 통해 차분한 성격을 가질 수 있다. 아이와 함께 등산도 좋다. 높은 산보다는 낮은 산을 오랫동안 걷고, 정상에 오르면 아이는 자신감과 성취감을 맛보게 된다. 어린 시절에 아이에게 이러한 작은 성공을 맛보게 하면 자연스럽게 아이는 자신감과 성취감이 높은 아이로 성장하게 된다.

부모들에게 "태권도를 오래 시켜라"라고 이야기하고 싶다. 왜냐하면 하루에 1시간씩 운동할 수 있을 뿐만 아니라, 집 근처에 태권도장들이 많아서 접근하기가 쉽다. 태권도는 다양한 프로그램이 있으며, 단계별·수준별 운동을 시키기가 좋다. 체력운동, 발 차기,

손기술, 낙법, 무기술, 줄넘기 등 많은 종류의 프로그램이 있어서 누구나 쉽고, 안전하게 운동을 배우기가 좋다. 태권도는 1년 6개월간 수련하게 되면 1품을 습득하며, 그다음부터는 1년, 2년, 3년, 4년에 걸쳐서 4품의 실력을 갖추게 된다. 4품 정도의 검은 띠를 습득하면 외국에 유학을 가서도 자기소개서에 좋은 스토리를 만들 수 있다. 하지만 중간에 태권도를 배우다가 그만두는 경우가 너무나 많다. 한창 기술을 배우고 즐기며 운동을 해야 할 시기에 그만두는 아이들이 많이 있다. 오래 운동을 하는 것은 단순한 동작을 계속 반복해야 하고, 시련을 이겨내는 것을 몸소 체험하는 것이다. 그것을 배우기 위해 태권도를 배워야 한다.

딸은 태권도 4품을 땄다. 유치원부터 태권도를 배웠기 때문에 다른 아이들보다 일찍 태권도를 시작하게 됐다. 그래서 일찍 시작하다 보니 중학교 2학년 때 4품을 따게 됐다. 무려 8~9년을 태권도를 시켰다. 초등학교 고학년 때는 선수 운동도 시켰다. 그래서 전국시합도 나가게 됐고, 비록 메달은 못 땄지만 누구보다 강한 체력을 지녔다. 세상에서 제일 좋은 운동은 없지만, 제일 좋은 운동은 꾸준히 하는 운동이다. 우리가 병에 걸리고 비만하게 되는 것도 규칙적인 운동을 하기가 어렵기 때문이다. 걷기운동이 비만환자나 과체중을 가지고 있는 사람들에게 시키기 쉬운데, 포기하는 확률도 낮다. 따라서 운동을 쉽게 접근하고 쉽게 해야 한다.

운동선수들은 일반운동을 하는 사람들보다 더 많은 시간을 운동한다. 선수부도 마찬가지다. 이렇게 선수부운동을 하면 일반운동을 하는 아이보다 운동 양이 많다. 하루에 1시간을 더 운동하면 1년 후에는 365시간을 더 운동하는 것이 된다. 이처럼 하루에 1시간 더 운동을 하면 체력적으로도 강해진다. 정신력도 달라진다. 왜냐하면 처음에 2시간 운동을 하게 되면 운동 양이 많아서 대부분 힘들어 하고 체력이 떨어진다. 하지만 규칙적으로 조금씩 운동 양을 늘리면 체력도 좋아지고 정신력도 강해진다. 1시간을 더 운동함으로써 체력, 정신력은 자연스럽게 상승하는 것이다. 그래서 나는 초등학교 시절에는 엘리트 훈련, 즉 선수부 훈련을 시키는 것을 적극적으로 추천한다. 미국, 일본, 중국 같은 나라에서 태권도 수업은 주 3일 수업이 많다. 주 3일을 하루에 2시간씩 훈련하는 도장이 많다. 2시간씩 훈련을 받으니 아이들의 실력도 높고 적극적이다.

성빈이는 아빠가 체육 선생님이다. 체육의 중요성에 대해 누구보다 잘 아시는 분이다. 성빈이는 그래서인지 1학년 때부터 선수부 운동을 했다. 처음에는 1주에 한 번, 두 번 서서히 늘려 나가면서 2학년 때는 매일 2시간씩 선수부 운동을 했다. 성빈이는 체력도 뛰어나고, 학교생활도 적극적이다. 에너지가 넘치는 남자아이가 운동을 통해서 에너지를 발산하고 스트레스를 다 풀고 집에 가니 학업 성적도 좋아지는 것이다. 이처럼 포기하지 않고 끈기 있는 아이로 성장시키려면 운동 양을 조절해서 늘리는 것이 중요하다. 아이의 생활도 좋아지고, 운동을 통해 엄마와 싸우지 않아도 되고, 특히 핸드폰을 하루 2시간을 안 보게 할 수 있다.

07

실패도 좋은 경험이
될 수 있다

아이를 아직 스포츠클럽이나 태권도장, 무술도장에 보내지 않고 있다면 빨리 등록시키자. 스포츠클럽과 태권도장, 무술도장에서 하는 운동 시합을 통해 아이가 실패와 성공을 경험해야 한다. 아이들 중 자존감이 떨어지고, 자신감이 없는 아이들이 많이 있다. 부모의 기대에 부흥하지 못하고, 잔소리를 들으면서 스트레스를 받고 힘들어 하는 아이들이 많다.

규영이는 공부도 잘하고, 운동도 잘했다. 달리는 것은 반에서 최고였다. 그러다 보니 자연스럽게 태권도를 시작하게 됐는데, 운동의 소질이 보여서 태권도 선수 운동을 시켰다. 아빠는 보다 더 강하고 센 운동을 원했다. 태권도를 보다 전문적으로 배우며, 시합도 나가길 원했다. 시합을 준비할 때는 스파링이라는 것을 하게 되는데, 준시합 같은 것을 각 도장에 가서 경험하게 한다. 스파링을 통해 실전처럼 훈련함으로써 아이의 정신 상태나 체력 기술을 점검하게 되는데, 규영이는 스파링만 가면 무척이나 힘들어 했다. 왜냐하면 평소에는 즐기면서 운동을 했는데, 스파링은 실전처럼 훈련을 하니 그게 마음에 들지 않았던 것이다. 규영이는 점점 더 힘들어 하고 실력 차이도 났다. 훈련을 가는 날이면 항상 배가 아팠다. 어떤 날은 머리도 아팠다. 안 아픈 데가 없었다. 그래도 꾸준히 스파링을 데리고 나갔다. 가는 날은 상대에게 맞는 날이 많았지만, 훈련을 통해 아이는 조금씩 성장하고 있었다. 아이는 점차 도장에서 수준급 선수가 되기 시작했다.

아이들은 훈련한다고 해서 좋은 선수가 되지는 않는다. 시합을 통해서 동기 부여를 받고 자신감을 얻게 된다. 이러한 자신감을 받으려면 부모의 지지가 상당히 중요하다. 아이가 넘어졌을 때 다시 일어나서 뛸 수 있는 용기는 부모, 선생님, 친구들의 지지가 중요하다. 그중에서 최고는 부모의 지지다. 부모의 지지를 통해 아이는 더욱더 성장하는 힘을 기르게 된다. 부모의 지지는 다른 것이 아니라, 결과보다 과정에 칭찬과 격려를 하는 것이다. 아이의 결과에 집착하고 반응하는 순간, 아이는 결과를 두려워하게 되고, 운동의 재미보다 결과에 더 집착하는 결과를 만들게 된다. 과정에 대한 이야기와 조언, 그리고 관심이 아이를 다시 도전하게 하는 힘을 만들게 된다.

전국 시합을 나간 아이들이 많이 있다. 그런데 몇몇 아이는 시합을 한 번만 나가고 운동을 포기한다. 왜냐하면 부모의 기대치 때문이다. 부모의 기대치가 높기 때문에 아이는 미리 포기하고 만다. 다른 선수보다 이길 가망이 없다고 생각하니까 미리 포기한다.

지한이는 운동을 잘한다. 하지만 지한이 엄마는 아이가 승리했을 때만 기뻐하고, 흥분하며 이야기한다. 아이가 졌을 경우는 세상을 다 잃은 표정으로 아이를 마주한다. 지한이 엄마는 아이가 졌을 때 받을 스트레스를 본인이 가지고 가려 한다. 그래서 아이가 지면 괴로울 것 같아서 엄마가 더 괴로운 표정을 짓는 것이다.

스포츠시합이 좋은 이유는 이러한 실패와 성공을 바로 경험하게 해준다. 축구경기는 하루에 조별예선과 결승리그를 하는 경우가 많이 있다. 이렇게 하면 이기고 지는 시합이 반드시 생기게 된다. 시합은 이기다가도 후반전에서 역전을 당하는 경우도 있다. 나뿐만 아니라 다른 친구가 실수를 해서 지는 경우도 있다. 또한 골 운이 없어서 경기를 지는 경우도 있다. 이러한 경험은 스포츠경기를 통해서만 얻게 되는 좋은 경험이다.

친척 중에 A는 대학교를 3수 한 후에 지방에 있는 원하지 않는 대학교를 나왔다. 부모는 두 분 다 공무원으로 계시기 때문에 나름 성공하신 분들이다. 그러다 보니 아들이 하는 일에 부모가 매사 간섭과 충고를 한다. 얼마나 많은 잔소리를 했는지 근래에 만난 A는 자신감이 없는 사람이 되어 있었다. 하지만 그것을 부모는 모른다. A가 어떤 일이든 도전하지 않고 왜 집에만 있는지를…. 결혼할 나이가 다 됐는데도 A는 장가를 가기는커녕 아무것도 하지 않으려고 한다. 주위에 보면 이러한 청년들이 많이 있다. 왜 그럴까? 아이가 대학 진학에 실패했을 때나 중·고등학교 시험 성적표를 보고 아이에게 잘되라고 한 질책과 충고가 아이가 실패를 경험하고 일어서는 지지를 무너뜨리는 결과를 낳은 것이 아닌가 싶다. A는 초등학교 저학년 때 잠깐 운동을 배우고, 고학년이 되자 공부한다고 운동을 그만뒀다. 일반운동만 하고, 어떤 시합도 나가 보지 않았다. 시합을 통해서 선수들 간에 자연스러운 사회성을 배우고, 시합에서 이기고 지는 것을 경험함으로써 실패와 성공을 몸으로 체득해야 한다. 이것이 스포츠의 힘이다.

운동을 통해 어느 정도 실력이 쌓였을 때는 반드시 시합을 보내야 한다. 시합을 통해서 아이의 성격과 성향을 보다 정확하게 진단할 수 있다. 또한 아이 엄마의 성격과 성향도 나타난다. 아이가 시합에 나갈 때 부모들이 제일 걱정하는 것은 아이가 시합에 지면 마음 아파하지 않을까 하는 것이다. 시합에 져서 아이가 위축되고 실망해서 자존감이 떨어지지 않을까 걱정하는 부모들이 많다. 이러한 걱정을 왜 부모가 하는 것일까? 바로 자신의 주관으로 보고 판단하기 때문이다. 아이들의 시합은 축제로 받아들이고 즐기면 된다. 이기면 이기는 대로, 지면 지는 대로 즐기면 된다. 아이에게 승패를 떠나 좋은 추억으로 남아야 한다.

나는 대한태권도협회에서 '겨루기 시합을 통한 경영법'을 지도하고 있다. 현재까지 도장에서 15년간 매년 2회씩 태권도대회를 열었다. 6월, 12월에 도장에서 그동안 배운 실력을 가지고 대회를 열었다. 처음에는 1년 이상 운동을 한 아이만 했다가 모든 아이들이 대회를 출전하는 것으로 바꿔 진행하고 있다. 흰 띠와 빨간 띠가 시합할 수 있으며, 검정 띠와 초록 띠가 시합을 할 수도 있다. 시합의 대진표는 아이들 스스로 추첨을 통해서 시합 상대 대진을 짜기 때문에 불평이 없다. 몇몇 엄마들은 왜 우리 아이가 실력이 좋은 아이랑 시합을 하냐고 항의하기도 한다. 왜냐하면 시합에서 진다는 전제를 부모가 먼저 깔고 이야기하는 것이다. 그런데 시합 후에 결과가 바뀐 경우가 허다하다. 꼭 띠가 높고 평소 운동을 잘하는 아이가 시합에서 이기는 것은 아니다. 시합이라는 특수성이 있다. 시합의 특수성은 부모의 기대감, 아이가 받는 스트레스, 결과에 대한 두려움 등 여러 가지가 있다. 그래서 시합할 때 선수는 힘을 빼야 한다. 근육에 힘이 들어가면 결국 부자연스러운 동작을 하게 되고, 긴장하게 되면 제 실력을 발휘하지 못하게 된다. 그래서 힘을 빼고 시합하는 선수가 잘하는 것이다.

힘을 빼려면 결국에는 그런 무대를 자주 서봐야 한다. 발표하는 것도 자주 무대에 서서 발표를 하게 되면 점점 익숙해지듯 시합도 마찬가지다. 그래서 나는 도장 시합을 통해서라도 아이가 성인이 될 때까지 한 번도 시합 경험 없이 성장하는 것을 바라지 않는다. 시합에서 나온 결과보다 과정에 대해 칭찬과 격려를 해주고, 좋은 추억으로 만드는 것은 부모의 부분이다. 적극적인 지지가 아이를 더욱더 좋은 사람으로 만들고, 스트레스, 체력, 정신력이 강한 사람으로 성장하게 되는 것이다. 부모는 걱정하지 마라. 아이는 시합에서 져도 그때만 속상하고 잊어버린다. 하지만 부모의 지지가 없는 경우 아이의 기억 속에 남는다. 내가 기쁜 것보다 아이가 느끼는 게 더 중요한 것이다.

4장.
8가지 운동법
아이 성향에 맞는

운동을 싫어하는 아이
운동법

코로나19 바이러스가 발생하기 전에는 운동을 열심히 했는데, 코로나 때문에 집에서 생활하는 기간이 길어지면서 운동을 포기하고 핸드폰 게임, 컴퓨터 게임을 하는 아이들이 많아졌다. 어른들은 헬스장, 축구, 배드민턴, 야구 등 동호회 활동을 못 하면서 체중이 증가하고 스트레스가 많아졌다. 꾸준한 운동으로 스트레스를 해소하고 야외 활동을 통한 신체 움직임을 해줘야만 생기 있는 생활을 할 수 있다. 어릴 때 운동을 많이 접해본 아이들은 어른이 되어도 쉽게 운동을 접할 수 있지만, 운동을 경험해보지 않은 어른들은 실제로 운동을 찾아서 하기가 쉽지 않다.

태권도를 열심히 배우고 있는 준서 아버지는 상담 중에 자신이 몸치라서 어릴 적에 운동을 배우지 못했다고 이야기했다. 그래서인지 아들인 준서가 몸치가 된 것 같다며 미안해했다. 상담을 통해 아이의 성향과 운동능력을 파악한 후 아이에게 도장에서 더 뛰어놀 수 있는 시간을 주자고 이야기했다. 준서도 운동을 싫어해서인지 잘 안 움직이려고 한다. 그래서 수업시간에는 가만히 앉아서 이야기를 듣는 것보다는 움직이는 프로그램을 더 많이 한다. 또한 태권도 프로그램인 품새 수업의 기본동작과 손동작, 손과 발이 동시에 움직이는 동작을 더 많이 가르치고 있다. 그러다 보니 이제는 조금씩 운동을 따라 하며, 자신감도 붙어서인지 매 수업시간에 열심히 한다. 또한 아직 저학년이라서 학업 부담이 없기 때문에 학교수업 후 도장에서 안전하게 더 뛰어다니게 하고 있다. 2개 층으로 되어 있는 도장 시설 중 한 곳에서는 일찍 온 아이들과 함께 스스로 게임도 하고, 공놀이를 할 수 있도록 시간을 배려하고 있다. 다양한 신체활동의 움직임을 통해 아이의 본성을 찾아가는 시간이 되는 것 같다.

이처럼 부모가 어릴 때 운동을 많이 접해보지 않은 아이는 부모의 영향을 받아 아이도 운동보다는 집에서 활동하는 수업을 더 많이 하게 된다. 책, 핸드폰 게임 등 움직임이 적은 활동들을 하게 된다. 움직임이 적은 아이는 체중이 증가할 수밖에 없다. 따라서 1차적으로 규칙적이고, 재미있는 운동을 통해 체중 증가를 천천히 가게 해야 한다. 또한 집에서도 아이의 식습관에 관한 부모의 역할이 상당이 중요하다. 특히 탄산음료, 인스턴트 음식, 밀가루 음식, 튀김 음식의 섭취를 줄여서 정상 체중을 만들어 주는 것이 현명한 방법이다. 만 12세까지 아이의 비만은 절대적으로 부모의 책임이다.

운동에 소극적인 아이는 성격이 소극적인 성향을 가진 아이일

가능성이 있다. 소극적인 성향을 가진 아이는 대체로 운동에 관심을 보이지 않으며, 자신감이 결여되어 있다. 따라서 천천히 운동을 시작하는 것이 좋다. 그러다가 운동에 조금이라도 관심을 보이기 시작하면 칭찬과 격려를 많이 해주는 것이 좋으며, 운동 후에는 반드시 악수, 하이파이브, 등을 두드려주는 등의 스킨십을 통해 선생님과 관계를 형성하는 것이 좋다.

운동을 싫어하는 아이의 특징은 첫 번째, 움직이는 것을 싫어한다. 움직이는 것보다는 책 읽기, 핸드폰 게임, TV 보기, 유튜브 보기 등을 더 좋아한다. 두 번째, 땀 흘리면서 마시는 물보다 탄산음료를 더 좋아한다. 땀을 흘림으로써 기분이 상쾌해지고 생기가 넘치는 것이 아닌, 탄산음료를 통해 청량감을 찾으려고 한다. 세 번째, 운동을 배우지 못했다. 제일 중요한 것인데, 아직 운동을 제대로 배워 보지 못해서 운동을 싫어한다고 볼 수 있다. 4~5세 아이는 반드시 신체를 움직여야 할 나이다. 만약 이 시기에 집에만 있고, 신체활동을 게을리하면 아이의 운동습관을 향상시키는 것이 힘들어질 수 있다. 그러니 이 시기의 아이는 밖에서 뛰어놀고, 몸을 마음껏 움직일 수 있도록 해줘야 할 의무가 부모에게 있다.

운동을 처음 접하는 아이는 운동을 가르치기보다는 운동을 왜 하는지, 운동할 때 필요한 것, 운동 후 효과, 운동의 외적인 것을 먼저 시키고 교육해야 한다. 특히 여자아이는 이런 외적인 요소들을 더 많이 이야기해줘야 한다. 운동을 억지로 시키는 것보다 좋아하는 마음이 생기게 해줘야 한다. 운동을 접하기 전에 너무 운동에 관한 교육만 시키면 아이는 거부반응을 일으킨다. 따라서 바로 운동을 하는 것보다는 공과 친해지기, 매트에서 놀기, 물놀이하기, 간단한 게임을 먼저 해야 한다.

코칭에서 제일 중요한 것이 관계성을 먼저 갖는 것이다. 교육생과 교육자의 관계가 교육보다 우선되어야 한다. 서로 친밀성이 생기고 나서 교육을 해야지, 친밀성도 생기기 전에 교육을 한다면 거부반응부터 먼저 올 것이다. 운동을 하기 전에 운동보다는 먼저 게임을 하면서 아이의 성격과 성향을 먼저 파악하고, 그에 맞는 대화법이나 교육을 해야 아이가 즐겁고 신나는 운동을 하게 되는 효과를 볼 것이다.

유치원생인 현지는 태권도장에 처음 올 때 입구에서부터 계속 울었다. 엄마는 운동을 가르치기 위해서 도장에 왔는데 외동딸인 현지가 안 한다고 하니 걱정이 태산이었다. 그래서 우선 현지와 친해지기 위해 다양한 행동을 했다. 먹을 것도 주고, 게임도 같이하고, 설명도 해주고 친해지기 위한 행동들이 현지의 마음을 열기 시작해서 지금은 운동을 잘하는 5학년 초등학생이 됐다. 몇몇 엄마는 아이들이 태권도장이나 축구클럽, 수영장에 등록해서 바로 운동을 배우길 원한다. 그러다 보면 아이는 새로운 환경에 더 적응하기 힘들어진다. 하지만 잠시만 기다려주면 결국에는 아이가 운동을 잘 따라서 배우게 된다. 부모는 기다리면 된다.

아이들은 칭찬에 목말라 있다. 부모는 집에서 많은 시간을 아이와 같이 있기 때문에 아이의 모든 면을 볼 수밖에 없고, 따라서 칭찬보다는 질책과 충고를 더 많이 한다. 요즘은 초등학교 저학년 및 유치원, 교회에서도 아이들에게 칭찬과 격려를 하기 위해 칭찬제도를 활용하고 있다. 집에서도 집의 환경에 맞게 칭찬을 해주는 것이 효과적이다. 아이는 눈에 보이는 목표를 좋아한다. 특히 잘한 일에 스티커를 만들어서 붙여주는 것은 아이에게 상당히 효과적이다. 단, 칭찬제도를 활용하면 끝까지 해야 하며, 그때그때 엄마의 이익에 따라 아이와의 룰이 바뀌면 안 된다.

운동을 싫어하는 아이는 몸과 몸이 부딪히는 단체운동이나 경쟁이 심한 운동보다는 개인운동이 좋다. 운동 중 또래 아이들보다 실력에서 뒤처지거나 치이게 되면 심한 상처를 받고 자신감까지 잃을 수 있다. 따라서 개인운동을 통해 익숙함과 자신감을 향상시킨 후에 서서히 단체운동을 시키는 것이 좋다. 미취학 아동일 때 운동의 습관을 어떻게 들이느냐가 정말 중요하다. 이때 집에서만 생활한다든지, 부모가 바쁘다는 핑계로 스마트폰만 보게 하고 신체활동을 충분하게 해주지 않으면 아이는 운동을 싫어할 수 있다. 그래서 3~5세 때 야외활동을 적극적으로 해줘야 하며, 운동에 재미를 붙일 수 있도록 천천히 진행하는 것이 효과적이다.

02

공격성이 강한 아이
운동법

현준이는 학교에서 또래 친구들을 괴롭혀서 매일 선생님에게 혼났다. 어찌나 친구들을 괴롭히는지 엄마가 속상해하면서 도장에 상담을 왔다. 대화를 나눠보니 엄마, 아빠가 집에서 성격 차이로 자주 싸우는 모습을 보여줬다고 했다. 그래서인지 현준이는 초등학교 2학년인데, 말도 거칠고 친구들과 싸움도 자주 한다. 이렇게 가만두면 학교폭력에 노출되기도 쉽다. 공격성이 강한 아이의 대부분은 자기 억제를 제대로 하지 못하는 아이들이 많다. 쉽게 흥분하고 다혈질적이다. 장점으로는 운동할 때도 적극적이며, 특히 승부욕도 강한 성향을 가지고 있다.

이런 친구들은 먼저 스트레스를 충분히 풀어주는 것이 좋다. 스트레스 해소는 몸을 움직이게 하는 것이며, 땀을 흘리게 해야 한다. 무도 교육이 좋은 이유는 운동을 통해서 아이의 모난 행동을 억제하며, 스트레스를 풀게 한다. 단순한 동작을 반복하면서 생각이 깊어지게 된다. 손동작의 무한 반복 훈련은 상체를 운동시키며, 발차기와 체력 훈련은 심장을 튼튼하게 한다.

공격적 성향이 강한 아이는 운동만으로는 교정하기가 쉽지 않지만, 스트레스를 해소시켜주고, 땀을 흘리는 운동을 시킴으로써 성격이나 행동을 차분하게 할 수 있다. 대표적으로 태권도를 통해 공격 성향을 억제 시킬 수 있다. 태권도의 품새 수련은 동일한 동작의 반복 훈련과 손발을 이용해 혼자 수련을 할 수 있다. 강도 조절이 가능하며, '예의'로 시작하는 무예다. 태권도는 인성 교육이 첫 번째 교육이기에 정서적으로 공격성을 감소시킬 수 있다. 태권도는 심신을 단련하는 무예이기도 하다. 태권도 수련으로 몸을 단련하고, 명상, 스트레칭을 통해 마음을 추스르기도 하기 때문이다. 또한 상대와의 신체 접촉이 없는 네트 운동도 공격성을 분출하거나 해소에 효과적이다. 배드민턴, 탁구, 테니스 등이 여기에 속한다. 네트 운동은 네트를 넘지 않는 선에서 자신이 할 수 있는 역량을 최대한 발휘해 하는 운동이다. 신체의 접촉을 억제하면서 운동하기에 공격적인 성향을 억제할 수 있게 된다.

가끔 태권도장에서 실력이 출중한 아이를 볼 수 있다. 이런 아이는 또래보다 실력이 좋기 때문에 태권도 겨루기에서 두각을 나타낸다. 겨루기는 상대와 부딪히면서 수련하는 태권도 프로그램인데, 조절하지 못하면 다치는 경우가 종종 있다. 이러한 태권도 수련뿐 아니라 무도 수련은 혼자서 수련하기도 하지만, 상대를 대상으로 수련을 하기도 한다. 상대를 대상으로 수련을 하는 경우에는 처음부터 부딪치는 것보다는 점차적으로 난이도를 높이면서 수련을 하게 되면 안전하고 즐겁게 수련이 가능하다.

종환이는 초등학교 1학년이고 집에서는 둘째인데, 형보다 적극적인 성격으로 또래 아이들보다 운동량과 운동센스가 좋다. 운동을 잘하다 보니 매번 또래 친구들과 겨루기를 시키면 있는 힘껏 발차기를 했다. 그로 인해 몇몇 아이가 종환이랑은 겨루기 연습을 하지 않으려고 했다. 종환이에게 잘 설명도 해주고 이해도 시켰는데, 막상 연습을 하면 조절을 하지 못하고 자신이 하고 싶은 대로 했다. 그래서 종환이에게 겨루기 선수부에 들어오라고 이야기를 하고, 종환이보다 센 형들과 겨루기를 가끔 시켰다. 겨루기 시간에 실력 있는 형들에게 몇 번 맞고 나니 이제는 또래 친구들과의 대련에서 자신의 감정대로 하지 않는다. 언젠가 TV 프로그램을 봤는데 분노조절장애가 있는 사람이 행패를 부리는데, 덩치가 더 크고 힘이 센 사람이 나타나니 신기하게 행패를 부리다가 꽁무니를 빼고 달아나는 행동을 보였다.

아이가 하고 싶은 대로 행동하는 것을 조절할 수 있도록 명분을 갖고 합리적으로 설명해주면 아이는 수긍하고 행동을 수정한다. 이때 반드시 아이에게 "억울한 게 있으면 이야기해봐" 하고 물어봐야 한다. 아무리 좋은 이야기를 해도, 아이가 받아들이지 않으면 안 된다. 그래서 억울하다고 생각하는 지점은 풀어줘야 한다. 이 지점이 풀어지면 아이는 행동을 수정하고, 그 지도자나 선생님은 자신을 알아주는 사람이 된다. 아이의 행동이 아니라 감정에 초점을 맞춰야 한다.

운동을 시작하기 전에 자신을 향해 크게 외치게 하는 것도 좋은 교육방법이다. "나는 열심히 하는 사람입니다", "나는 최선을 다하는 사람입니다", "나는 친구와 사이좋은 사람입니다" 등 자신을 설명하는 내용을 다양하게 외치게 하면 행동수정을 볼 수 있다. 특히 긍정적이고 자신감 넘치는 내용은 아이를 보다 좋은 방향으로 이끌어 줄 것이다.

나는 아침마다 운전하기 전에 《끌어당김의 법칙》에 나온 내용을 적어서 차에서 읽고 하루를 시작한다. 그 내용은 오늘은 새로운 삶이 시작될 것이라는 것, 좋은 일들이 나에게 펼쳐질 거라는 것이다. 살아 있음에 감사하며, 열정과 목표를 갖고 매일 웃으며 살다 보면 오늘 하루는 내 삶에 있어서 최고의 날이 될 수 있다.

자기 외침을 통해 아이는 보다 긍정적이고 적극적인 아이로 성장하게 될 것이다. 《물은 답은 알고 있다》를 보면 물은 우리가 하는 좋은 말과 나쁜 말을 안다. 우리가 하는 말에 따라 물의 결정이 바뀌는 것처럼 우리 몸의 70%도 물이라는 것을 기억하자. 그러면 좋은 생각과 행동이 삶에 어떻게 영향을 미치는지 답을 줄 수 있을 것이다. 아이가 긍정적인 자기 외침을 지속적으로 하면 공격적 성향에서 긍정적으로 변화되는 모습을 보게 될 것이다.

협동심이 부족한 아이
운동법

요즘 아이들은 예전보다 훨씬 개인주의적이다. 그러다 보니 친구에게 배려하는 마음이 없는 것은 당연하다. 나만 잘되면 된다는 심리, 운동 후에 자기 것만 치우고 바로 물 마시러 가는 것, 단체활동에서 조금 못하는 아이가 나오면 바로 왕따 시키려는 행동, 뭐든 자신이 먼저 하려고 하는 행동들이 그래서 나온다.

초등학교 5학년인 혜선이는 똑똑하고 눈치도 빠른 아이다. 그러다 보니 자기 것은 잘 챙긴다. 특히 휴게실에 놀고 있을 때 "자, 이제 좀 치우고 다시 놀자" 하면, "저는 앉아서 핸드폰만 했어요"라고 이야기한다. 사실 도장의 CCTV로 확인해보면 혜선이는 과자를 사다 먹고 봉지를 바닥에 놓고, 가방도 사물함에 정돈하지 않는데 매번 이런 식으로 이야기한다. 그래서 꼭 1시간마다 단체로 청소를 시킨다. 청소하는 모습을 보면 아이의 마음도 볼 수 있다. 적극적으로 청소에 임하는지, 아니면 건성건성 청소를 하는지. 어른들도 청소하는 마음을 보면 그 사람의 마음을 알 수 있다.

협동심이 부족한 아이는 집에서 설거지를 시키는 것을 추천한다. 설거지는 그냥 하는 일이 아닌, 가족과 함께 즐거운 식사를 한 후에 하는 활동이다. 가족 구성원으로서 마땅히 해야 할 일이기에 어릴 때부터 이러한 교육을 하면 아이에게 좋은 영향을 미친다. 가족공동체로서 첫 역할을 배우게 되는 것이다. 짧은 시간에 자신의 임무를 확인할 수 있는 좋은 일이다. 따라서 협동심이 부족한 아이는 식사 후 설거지를 하는 습관이 팀워크를 키우기 좋다.

빌 게이츠(Bill Gates)는 2014년 레딧 사용자들과의 채팅에서 "나는 매일 밤 설거지를 한다. 다른 사람들이 못하게 하고 내가 좋아하는 설거지를 한다"라고 말했다. 빌 게이츠가 설거지를 하는 이유는 생각을 정리하며 비울 수 있고, 스트레스를 해소하며, 작은 성공(Small success)을 통한 성취감을 느끼기 때문이다. 가족을 위한 희생으로 설거지는 항상 자신이 한다고 한다. 이처럼 설거지는 가족을 위해 희생하며, 솔선수범하는 행동이다. 이러한 행동습관은 다른 생활에서도 마무리를 잘하게 하고, 가족공동체의 임무를 잘하게 하는 아주 좋은 교육방법이다.

민상이는 중학교 누나와 나이 차이가 있는 늦둥이 아들이다. 이러다 보니 집에서는 아이에게 관심이 많다. 민상이는 태권도도 잘하지만, 특히 축구도 좋아하고 잘한다. 토요일마다 축구클럽을 했는데 민상이는 게임에 지면 눈가에 눈물이 고여 있었다. 축구할 때는 양보를 하지 않았으며, 자신이 모든 것을 다 하려고 했다. 프리

킥, 페널티킥, 공격수 등 자신이 모든 것에 참견을 해야 하는 성격이었다. 다른 친구들을 배려하거나 도와주려 하지도 않았다. 그래서 어느 날 민상이 아버지와 이야기하는 도중에 조심스럽게 아이에 관한 이야기를 하게 됐는데, 아버지도 아이의 이런 부분을 알고 있었다. 하지만 어떻게 교육해야 하나 고민만 하고 있었다고 했다. 우선 아이를 객관적으로 볼 필요가 있었다. "민상이 운동장면을 영상으로 찍어서 보여주세요. 그리고 운동장면을 보면서 아이와 이야기하는 시간을 가져보세요"라고 조언했다. 영상을 통해 아이의 행동을 객관적으로 보면 아이의 행동에 관해 조언과 격려를 해줄 수 있다. 엄마들도 가능하다. 팀워크에 관한 유튜브 영상이 많이 있다. 시간이 날 때 아이와 함께 운동 가기 전에 같이 보는 것이 좋다. 영상을 보는 3분 정도만 투자하면 아이가 팀을 생각하는 마음이 점차 늘어날 것이다.

협동심이 부족한 아이는 팀스포츠를 통해서 단체생활과 팀워크를 배워야 한다. 팀워크의 핵심은 자기희생이다. 자기희생 없이는 팀이 승리하기가 힘들다. 하지만 자존심만 내세운다든지, 팀워크에 저해하는 행동을 한다면 승리하기 어렵다. 단체운동과 단체스포츠를 통해 배우는 인성 교육은 몸으로 직접 경험하는 것이기 때문에 어릴 때 반드시 해야 하는 운동습관이다. 어릴 때는 부모가 옆에서 도와줘야 한다. 그리고 운동하는 모습을 지켜봐야 한다. 운동하는 것을 지켜보면서 아이의 모든 행동에 대해 알게 된다. 이러한 행동을 보고 아이와 이야기를 나누는 것이 좋다. 또한 부모가 본보기가 되어주는 것도 좋은 방법이다. 예를 들어 아이들과 함께 봉사활동을 간다든지, 친목단체에서 청소하거나 다른 친구들을 도와주는 모습을 직접 보여주는 것도 좋은 교육이 된다.

한편으로 협동심이 부족하다는 소리는 아이가 이 팀에서 또는 이 시간에 흥미를 느끼지 못하고 있는 것은 아닌지 확인할 필요가 있다. 정기적으로 점검을 해야 한다. 첫 번째, 아이의 운동하는 모습을 제대로 지켜봐야 한다. 흥미를 잃고 대충 하는지, 열심히 하는지 하는 운동모습에서 원인을 찾을 수 있다. 두 번째, 아이와 운동 후에 "운동이 재미있니? 아픈 데는 없니?"라고 물어봐야 한다. 아이가 마음을 열고 이야기하는 것을 들어봐야 한다. 세 번째, 코치 선생님에게 물어보는 것이 좋다. 코치 선생님들은 아이의 변화를 누구보다 일찍 판단할 수 있기 때문에 반드시 코치 선생님들에게도 물어보고 조언을 구하는 것이 좋다.

04

자신감이 없는 아이
운동법

    자신감이 없는 친구들은 대부분 소극적이고, 소심한 성향을 나타낸다. 이런 아이들의 자신감을 길러주는 데 좋은 운동은 줄넘기다. 줄넘기는 누구나 편하게 운동할 수 있다. 줄넘기를 학교 가기 전에 많이 해주게 되면 아이의 운동능력이 향상되며, 초등학교에 가서 체육시간에 두각을 나타낼 것이다. 줄넘기는 손과 발이 동시에 움직이는 것처럼 보이지만, 실제는 손과 발이 따로 움직인다. 손이 먼저 반응을 한 후에 발이 움직이는 운동이다. 줄넘기는 누구나 개인의 목표를 다르게 정할 수 있어서 자신감을 길러주는 데 최고의 운동이다. 어제 한 개 넘은 아이는 오늘 두 개만 넘어도 50% 이상의 향상을 이룬 것이다. 따라서 줄넘기는 자신감을 길러주는 데 효과적이다. 줄넘기 할 때 신는 신발은 무릎이나 발목관절에 충격을 적게 주는 것이 좋고, 매트나 체육관에서 할 수 있으면 더욱 좋다.

    줄넘기 대회에서 1등한 지호는 여자아이인데, 초등학교 1학년부터 태권도를 배웠다. 가냘픈 여자아이라 태권도를 할 때면 무척 힘들어 했지만 줄넘기를 통해서 자신감이 상승한 아이다. 처음에 도장에 왔을 때만 해도 줄넘기를 하나도 하지 못해서 울기도 했고, 속상해 하기도 했다. 하지만 꾸준히 몇 개씩 목표를 정해서 연습을 하니 한두 달 후에는 잘하게 됐다. 그러는 도중에 줄넘기 대회에 참가하게 됐는데, 첫 대회에서 오래 뛰기로 우승했다. 나도 눈물이 날 정도로 감격했다. 왜냐하면 아이가 힘들어 하고 열심히 한 사실을 누구보다 잘 알고 있기 때문이었다. 그 자신감으로 지호는 학교생활과 태권도 1, 2품 도전도 잘했다. 이처럼 운동을 접해보지 않았고 아직 서툰 아이, 자신감이 부족한 아이는 줄넘기를 통해서 자신감을 충분히 회복할 수 있다.

매트운동 또한 자신감 향상에 효과적이다. 매트운동은 온몸을 부드럽게 해준다. 전신운동이 된다. 매트운동을 제대로 하려면 머리를 숙이고 손을 짚은 뒤 타이밍에 맞춰 구르기를 해야 한다. 타이밍이 맞지 않는다든지, 손을 제대로 짚지 않으면 회전이 엉뚱한 방향으로 진행된다. 목을 제때 숙여야 자연스럽게 구르기가 되지만, 잘못하면 등이 바로 바닥에 '쿵' 하고 닿게 된다. 매트나 침대에서 자연스럽게 잘 구르는 아이는 동작과 타이밍을 적절히 맞추기 때문에 운동에 소질을 보인다. 따라서 이러한 매트운동은 운동에 대한 자신감으로 나타난다. 유치원이나 어린이집에서 자신감이 넘치고 운동을 잘하는 친구들은 몸을 자유자재로 움직일 줄 안다. 풍차 돌리기, 구르기 등 매트운동에 소질을 나타낸다. 반드시 초등학교 가기 전에 매트운동을 시켜야 신체의 매커니즘을 자연스럽게 습득할 수 있다.

30~40대는 〈피구왕 통키〉라는 만화를 어렸을 때 봤을 것이다. 〈피구왕 통키〉에서 하는 피구와 비슷한 터치볼은 적극성을 길러준다. 피구는 날아오는 공을 잡는 것이지만, 터치볼은 날아오는 공을 피하는 것이다. 날아오는 공을 잡는 것은 1차원적인 행동이라서 쉽다. 하지만 날아오는 공을 피하는 것은 머리로 한번 생각해야 하고, 던지는 사람도 어디로 피할지를 예상하고 던져야 하기에 피하고 맞추는 이러한 동작들이 적극성을 띠게 된다. 공을 피했을 때 아이의 자신감은 상승하며, 맞췄을 때는 축구경기에서 골을 넣을 때만큼 기쁨이 있다. 그리고 터치볼은 규칙이 단순하다. 단순하지만 아이는 자기 스스로 공을 잡아야 하며, 자신의 힘으로 공을 던진다. 터치볼 게임은 한 편의 드라마를 보는 것 같다. 공으로 자신보다 큰형을 맞추면 아이는 무척 신나 한다. 마지막까지 살아남아서 내가 던진 공이 상대편을 맞췄을 때는 우리 팀이 승리하는 것이기 때문에 승리의 희열은 이루 말할 수 없다. 짧은 시간에 단순한 규칙으로 여러 게임을 할 수 있다. 이러한 운동을 통해서 아이는 다른 스포츠와 운동에 도전할 수 있으며, 도전하는 적극성을 기르게 된다.

스포츠대회에 출전해보는 것도 좋다. 축구대회, 풋살대회, 수영대회, 태권도대회 등 다양한 스포츠종목의 대회에 출전해보는 것이 좋다. 다만 대회 출전 시 먼저 작은 시합부터 출전해야 한다. 많은 엄마들과 상담하다 보면 공통적으로 2가지를 제일 많이 이야기한다. 첫 번째는 "아직 우리 아이는 실력이 없는 것 같은데요. 배운 지 얼마 되지 않아서 힘들어 할 것 같아요. 아이가 대회 나가서 지는 게 두려워요" 등 시합을 하기도 전에 실력에 대한 걱정을 더 많이 한다. 두 번째는 꼭 실력이 있어야 대회를 출전할 수 있다고 생각한다. 대회를 준비하면서 또는 대회 때 다른 친구들을 구경하면서 실력이 더 향상된다는 사실을 모르는 것 같다. 대회를 다녀온 아이는 자연스럽게 실력이 향상되어 있다.

대회에 출전을 시킬 때 엄마들이 알아야 할 중요한 몇 가지가 있다. 첫 번째, 대회는 작은 대회부터 출전해야 한다. 큰 시합부터 나가는 것은 자제해야 한다. 큰 시합은 몇 번의 작은 시합을 경험한 후 나가야 한다. 두 번째, 시합 출전에 따른 결과보다 과정에 칭찬과 격려를 해야 한다. 결과를 가지고 부모가 반응을 하면, 아이는 결과에 따라 움직이는 아이가 되고 만다. 따라서 결과보다 과정을 격려해야 한다. 세 번째, 부모는 결과에 대해 관심을 가지지 말아야 한다. 가끔 부모들 중에 결과에 민감한 부모들이 있다. 결과에 민감한 부모는 절대 아이를 시합에 내보내면 안 된다. 부모의 시합이 아니라 아이가 시합을 통해서 즐겁고 재미있게 운동을 하며, 자신감을 향상시키고 자존감 높은 아이로 성장해야 하기 때문이다. 네 번째, 부모는 아이의 운동에 관심을 가져야 한다. 부모가 관심을 보이면 아이는 사랑을 받기 위해 더 열심히 하게 되고, 열심히 하기 때문에 실력이 향상되며, 자신감이 쌓인다. 결국 자신감은 부모가 어떻게 칭찬해주고 격려해주는가에 따라 달라질 수 있다. 하지만 몇

몇 재능이 있는 아이 중에는 운동을 하다가 그만두는 경우가 종종 있다. 그 이유로 부모는 대부분 아이가 흥미를 잃어서 그런다고 이야기하는데, 자세히 살펴보면 부모의 역할이 중요한 영향을 미치는 경우가 많다.

은성이는 국기원 심사에서 한 번 떨어졌다. 운동에 소질이 없는 데다가 엄청나게 소극적인 아이다. 이러다 보니 항상 다른 친구들에 비해 운동능력 향상이 더뎠다. 부모도 이러한 은성이의 성향과 기질에 대해 알고 있었기 때문에 늦어도 천천히 아이가 성장할 거라고 믿었다. 국기원 연습을 할 때 아이는 한두 달 동안 매일 규칙적으로 품새를 외우고, 땀을 흘리며 발 차기를 했다. 그래서 재심사에서 합격을 했다. 어찌나 아이가 기뻐하는지 엄마, 아빠도 좋아했다. 그리고는 1년이 지난 뒤 2품 검정 띠 심사를 보게 됐는데, 이번에는 한번에 합격했다. 3번의 심사로 인해서 아이는 쑥쑥 성장했다. 자신이 다른 친구들보다 늦게 가지만 꾸준히 열심히 하면 합격한다는 것을 어릴 때 체득하게 됐다. 지금은 수업시간이나 평소 생활에서도 자신감이 넘치는 모습을 보여준다.

자신감은 계기가 있어서 느끼는 것이 가장 좋은 방법이다. 아이들이 자신감을 찾을 수 있도록 부모는 기다려줘야 한다. 너무 조급하게 어른이 개입하는 것은 좋지 않다. 스스로 힘든 것을 해낼 때 자신감이 생기는 것이다. 그러니 부모는 충분히 해낼 때까지 기다려주자. 부모가 조급한 마음에 또는 아이가 안쓰러워 자꾸 도와주면 아이가 스스로 해낼 수 있는 능력이 없어지니 참고 기다리자. 아이의 자신감은 부모의 칭찬과 격려뿐이다. 부모는 아이가 어릴 때는 단순한 것만 해내도 기뻐서 아이의 머리를 쓰다듬어주고 좋아한다. 이처럼 작은 일에도 칭찬과 격려를 해줘 아이가 자신감을 가질 수 있도록 해주는 것이 좋다.

05

ADHD로 산만한 아이
운동법

　행동조절이 안 되고, 충동성을 보이며, 일이 마무리되지 않았는데 조용히 앉아 있지 못한다. '자기 행동을 스스로 조절하기 힘든 문제'를 갖고 있는 아이의 모습이다. 이를 의학적으로 '주의력결핍－과잉행동장애(ADHD, Attention Deficit-Hyperactivity Disorder)'라고 한다.

　미국에서 ADHD를 가진 아이는 의사들이 태권도를 배우라고 추천한다고 한다. ADHD의 원인에는 유전, 뇌손상, 음식, 환경적 요인 등 다양한 원인이 있다. 약물치료와 병행해야 더욱 효과적이지만, 무술도장에서 교육하는 것도 아이에게 효과가 있다. 특히 주의력결핍－과잉행동장애를 가진 아이는 주의산만, 과잉행동, 충동성을 주 증상으로 보이며, 대개 아동기에 많이 발병하고 만성적인 경과를 밟는 특징이 있다. 행동수정을 통해 하루에 1시간씩 규칙적인 무술수련을 하면 아이는 통제되고 절제된 행동을 하게 된다. 무술도장은 바람직한 행동 강화에 중점을 두며, 다양한 보상도 즉각적으로 준다.

지수는 5세 때 태권도장에 왔다. 어찌나 주위가 산만하고 요란한지 모든 지도자들이 힘들어 했다. 지수가 수업에 참여하면 그 수업은 전혀 이뤄지지 않았다. 그래서 아이를 수업에서 빼서 휴게실에서 놀게 했다. 그리고 2관으로 데리고 가서 넓은 공간에서 혼자서 신나게 놀게 했다. 가끔은 형들과 피구 게임도 하고, 축구도 할 수 있도록 옆에서 지켜보기만 했다. 도장에 있을 때는 한시도 가만히 있지 않고 움직이게 하고 운동하게 했다. 하루, 이틀, 한 달, 두 달 시간이 가면서 아이는 점점 좋아졌다. 엄마도 그제야 지도자들에게 이야기했다.

"사실 지수가 ADHD를 가지고 있는데, 선생님, 사범님들이 우리 아이에게 선입견이 생길 것 같아서 미리 말씀을 못 드려 죄송합니다."

어머니는 늦게 이야기해서 죄송하다는 이야기를 연신 했다. 지수를 가르치면서 많이 느꼈다. 아이들은 뛰어놀아야 하며, 편하게 놀아야 한다. 형식이나 틀에 가둬 아이를 가르치거나 교육하지 말고, 그냥 편하게 자기 시간에는 마음대로 놀게 해야 한다는 사실을 지수를 통해서 알게 됐다.

3~5세는 과잉행동과 힘이 넘치는 행동을 한다. 지칠 줄 모르는 아이는 모든 사람의 진을 빼놓는다. 이런 아이는 마음껏 뛰어놀게

하고, 상상력을 키워 줄 수 있도록 다양한 장난감을 갖고 놀게 한다. 단 적절한 휴식을 취할 수 있도록 해주는 것이 좋다. 초등학생은 학교에서 문제가 많이 발생하기 때문에 부모나 학교, 아이 모두 어려움을 호소한다. 초등학생 때 ADHD는 아이의 자존감에 큰 상처를 주며, 교우관계도 어렵게 만든다. 우선 일상생활을 도와주어야 하며, 방 청소, 책상 정돈, 과제물 챙기기를 도와줘야 한다. 부모가 꼭 지켜야 할 행동 수칙이 있다. 첫 번째, 아이의 자신감을 세워줘야 한다. 두 번째, 아이를 정확하게 진단하고 있어야 한다. 세 번째, 부모도 에너지를 충분히 충전해야 한다. 학교와 아이가 다니는 모든 학원 선생님들과도 연계해야 한다. 장애가 있는 아이만 집중하는 것이 아니라 다른 자녀에게도 관심을 가져야 한다. 마지막으로 아이에게 잔소리를 남발하지 말아야 하며, 논쟁도 피하는 것이 좋다. 일관성을 가지고 교육해야 하며, 벌을 주는 행동은 자제해야 한다. 부모가 흥분하면 안 된다. 인내하고 기다려 줄 수 있어야 한다.

병원에서 운동처방 실장과 프로팀 닥터를 역임한 선배와 운동선수의 끈기력에 관해 이야기한 적이 있다. 그때 그 선배는 이런 이야기를 했다.

"나는 여러 프로팀의 선수들과 이야기하고 옆에서 지켜봤는데, 프로선수들만큼 예의 바르고 끈기 있는 사람들은 본 적이 없어. 왜냐하면 프로선수들은 어릴 때부터 다른 아이들보다 한두 시간 더 운동을 했기 때문에 이런 것이 체득이 되어서 다른 어떤 사람들보다 끈기와 인내심이 많아."

　하루에 1시간 운동한 아이보다 2시간을 한 아이가 인내력과 끈기에서 좋은 점수를 받는다. 우리나라 운동시스템도 운동시간을 늘릴 필요가 있다. 하루에 1시간은 너무 짧다. 외국에서는 주 3일 운동을 해서인지 한 번 할 때마다 운동시간이 1시간 30분으로 이뤄져 있다. 우리는 대부분 무술도장, 어린이센터에서 운동시간이 1시간으로 이뤄져 있어서 하루 운동량이 부족하다. 전체적인 운동량은 많은 편이지만, 하루에 집중된 시간은 부족한 것이다.

　태권도장에서 배우는 태권도 교육은 부모가 해주지 못하는 자기절제, 인내심, 극기심을 교육시켜준다. 아이들은 집에서 자유분방한 생활을 하다가 태권도장에서는 억제된 행동을 하게 된다. 가정에서 하지 않는 인성 교육과 예절 교육, 태도 교육을 받게 된다. 태권도를 지도하면서 항상 고민했던 것이 통제와 절제를 시키는 것이었다. 우리 아이들은 창조적이고, 새로운 것을 항상 추구하며, 도전적이다. 그런데 통제와 절제를 시키다 보면 창의성 발달이 고민이었다. 그때 고등학교 체육 선생님을 하던 선배에게 이야기를 들었다.

　"태권도장만큼 아이의 인성과 태도를 잡아주는 곳이 없지. 또한 부모가 하지 못하는 행동을 통제하고 좋은 방향으로 이끌어주는 선한 통제와 절제는 태권도 교육밖에 없어."

선배의 이야기를 듣고서 머리를 한 대 맞은 느낌이었다.

'그래, 태권도 교육이 예의를 배우지 못하고 장난이 심한 천방지축 아이들에게는 행동수정이 되고, 좋은 생각과 좋은 태도를 가지게 하는 좋은 운동이구나.'

이처럼 무도 교육은 미취학 아동이나 초등 저학년들이 반드시 배워야 하는 교육이다.

좋은 태권도장을 선택하는 법이 있다. 첫 번째, 태권도를 전문적으로 배운 지도자인지 알아봐야 한다. 태권도를 전문적으로 배운 지도자들은 대학교 때 태권도학과를 나온 지도자들이다. 그리고 체육을 전공한 지도자들도 전문 지도자 그룹에 속한다. 전문 지도자일수록 이론을 탄탄하게 갖추고 있다. 그래서 다양한 변수를 익히 알고 있고, 지식을 갖췄다.

두 번째, 직접 몸으로 보여줄 수 있는 지도자인지 알아봐야 한다. 태권도나 체육은 지도자가 몸으로 보여주지 못하면 안 된다. 따라서 이론과 실기를 겸비한 전문가에게 배워야 한다. 지도자가 운동하는 모습을 보며 아이는 자연스럽게 배우게 된다. 따로 교육하지 않아도 아이는 스승의 모습을 보고 똑같이 따라 한다.

마지막으로 제일 중요한 것은 기술만 가르치는 지도자가 아니라, 삶의 태도가 좋은 지도자에게 배워야 한다. 기술보다 인성, 실력보다 태도가 좋은 지도자에게 우리 아이를 맡겨서 지도하게 해야 한다. 지도자가 중요한 까닭은 ADHD는 행동수정뿐만 아니라 문제 행동을 조정해주는 능력이 필요하다. ADHD를 가진 아이들은 충동적인 언어와 행동, 그리고 사회적으로 충동을 일으키기 때문에 이러한 다양한 과잉행동을 절제시키고 옆에서 도와주는 능력이 필요하다.

ADHD를 겪는 아이들이 약물이나 운동 그리고 특이한 요법에 따라 바로 긍정적으로 호전될 수는 없지만, 아이를 어떻게 평가하고 바라보는지에 따라 아이에게는 엄청난 일이 벌어진다. 유명인들 중에는 어린 시절에 ADHD라는 병명을 가지고도 현재는 훌륭하게 된 사람들이 많이 있다. 선입견을 가지고 미리 걱정할 필요는 없다.

06

집중력이 부족한 아이
운동법

나는 낚시를 좋아한다. 특히 바다에서 하는 선상낚시를 좋아한다. 얼마 전부터 낚시 인구가 급격하게 증가해 현재 낚시는 우리나라 국민의 1등 취미가 됐다. 몇 해 전부터 갈치 낚시, 주꾸미 낚시를 다니고 있는데, 특히 재미있는 것이 주꾸미 낚시다. 주꾸미 낚시는 인조 미끼인 에기라는 것을 사용하는데, 주꾸미들이 에기를 먹이인 줄 알고 감싸 안을 때 추의 무게 느낌을 알고 낚아채서 잡는다. 이때 추 무게 느낌을 모르면 아무리 바다 밑에 주꾸미들이 많아도 잡지 못한다. 그래서 에기에 주꾸미가 올라탔는지, 안 탔는지 집중해야 한다.

낚시는 손의 감각과 집중력을 높이는 좋은 바다 스포츠다. 낚시는 준비도 철저히 해야 한다. 바다나 선상, 좌대 같은 곳에 낚시를 하러 가서 막상 뭔가가 부족하면 낚시 자체를 할 수 없다. 그래서 철저하게 대비해서 가야 한다. 그리고 없으면 없는 대로 임기응변을 해야 한다. 그래서 낚시를 통해서 아이들도 집중력과 철저히 준비하는 자세를 배울 수 있다.

체력이 약한 아이는 집중력이 부족할 수 있다. 국가대표들도 훈련 계획을 잡을 때 1차로 중요하게 짜는 것이 체력 훈련이다. 아무리 기술이 좋아도 체력이 받쳐주지 못하면 기술을 활용할 수가 없다. 프로선수들도 '선체력 후기술'이라고 이야기한다. 이처럼 국가대표나 프로급 선수들도 왜 선체력을 말할까? 그만큼 1%의 운동선수 세계에서는 마지막 1~2분 안에 모든 것을 쏟아내야 하기 때문에 정신력도 중요하지만, 체력이 뒷받침되지 않으면 힘들어진다. 그렇다면 마지막까지 최선을 다하는 집중력은 어디서 오는 것일까? 바로 체력인 것이다.

수업시간에 장난을 많이 치고 활발한 아이들이 있다. 특히 7세 아이들이다. 요즘 7세 아이들은 10년 전 8세들보다 똑똑하다. 스마트폰 세대다 보니 보고 듣는 것이 10년 전 아이들보다 많다. 그런데 훨씬 똑똑한데, 체력은 떨어지는 것 같다.

기준이는 7세 유치원생인데 장난도 심하고 가만히 앉아 있지를 못하고 호기심이 많은 아이다. 기준이는 많은 시간 동안 스마트폰을 보다 보니 집중력이 오래가지 못한다. 기분도 항상 들떠 있다. 대체로 스마트폰을 많이 보는 아이들이 상대방의 눈을 집중해서 보지를 못하는 경우가 종종 있다. 따라서 이러한 아이들은 하루에 5~10분 정도 명상을 하거나 눈을 가만히 감고 누워 있는 것을 추천한다. 그리고 하루 한 번 10~20분 고강도 훈련을 하길 권한다.

고강도 운동이란 왕복 달리기, 버피테스트, 줄넘기, 앉았다 일어나기, 런지 등 체력 훈련을 말한다. 이러한 고강도 훈련은 하체의 근력 훈련으로 신체의 모든 기관이 리셋되는 효과를 보게 된다. 이렇게 에너지가 넘치고, 호기심이 많은 아이는 저강도 운동보다는 한 번의 고강도 운동으로 아이의 들떠 있는 마음과 기운을 가라앉혀 줄 수 있다.

군대를 가기 전 집안일을 잠깐 도운 적이 있었다. 아버지께서 한우농장을 하셨기 때문에 소 키우는 것을 도와드렸다. 일하는 도중 아버지께서 어떤 물건을 들고 오라고 했는데, 내가 대충 이야기를 듣고서 물건을 잘못 가지고 갔다. 그랬더니 아버지께서 화를 내시면서 똑바로 하라고 했다. 그때 문득 이런 생각이 들었다.

'대충 듣고 대충 움직이면 또 일을 하는구나. 한번 들을 때 집중해서 들어야겠다.'

그다음부터는 누가 어떤 이야기를 해도 한번에 들으려고 집중한다. 결국 몸과 마음이 하나일 때 집중하게 된다.

도장에서는 국기원 승품심사로 1년, 1년 6개월에 걸쳐서 검정띠, 품띠라는 것을 취득하게 된다. 국기원이라는 곳에서 그동안 배운 것을 심사위원들 앞에서 보여준다. 이때 심사의 대부분은 품새인데, 품새를 외우는 것이 생각보다 쉽지 않다. 특히 저학년, 유치원생들에게는 어렵다. 하지만 우리 도장의 아이들은 쉽게 잘 외운다. 왜냐하면 외우는 것은 몸도 중요하지만 정신 교육이 1번이다. 아무리 좋은 교육을 해도 외우기가 쉽지 않다. 따라서 품새를 외울 때는 수업하기 전에 정신 교육을 먼저 해준다. 몸과 마음이 이 자리에 있도록 설명을 해준다. 태권도 품새는 하체의 근력이 부족하면 버틸 수 없다. 따라서 품새 훈련에서 제일 중요한 훈련이 바로 하체 근력 훈련이다. 어린 친구들과 초등학교 저학년 아이들에게 중요한 교육이 바로 품새 교육이다. 하체도 단련되고 공간지각능력을 발달시켜주기 때문에 어린 나이에 태권도를 배우면 다른 운동을 배우기도 좋다.

체력과 정신력은 따로 볼 수가 없지만, 선체력 후기술처럼 실제 생활에서는 체력이 차지하는 비율이 높다. 생활 체력이라고 해서 평소 생활할 때도 생활 체력이 좋은 사람들이 회사일, 집안일, 여행, 동호회 활동을 더 잘한다. 집중력이 약한 아이는 우선 체력적인 것을 점검해봐야 한다. 아무리 집중력이 좋아도 체력이 부족하면 한계가 오기 때문에 어린 시절에 다양한 운동과 신체활동으로 체력을 길러주는 것이 좋다.

《우리 아이 성격의 비밀》에서는 집중력 실험에서 호기심을 자극할 수 있는 종이상자를 방에 가득 채워놓고, 아이들에게 들어가서 상자를 열어보게 했다. 몇 개의 상자를 열며, 차이가 있다면 어떤 의미일지를 실험했다. 집중력이 높은 아이들은 상자를 열어보다가 자기가 좋아하는 책이 나오자 집중력을 발휘해 책을 읽어 내려갔다. 집중력이 낮은 아이들은 대부분의 상자를 일일이 열어 확인

했다. 실험 결과를 보면 집중력이 높은 아이들은 장난감을 가지고 놀은 시간이 길었고, 열어본 횟수는 낮았다. 집중력이 낮은 아이는 호기심이 많기 때문에 '이 상자, 저 상자에는 무엇이 들었을까?' 궁금해 하면서 방 안 상자를 다 열어봤다. 결국 집중력은 어른들이 보기에는 공부와 연관이 있어서 집중력이 부족한 아이는 고쳐줘야 한다고 생각하지만, 호기심도 많기 때문에 그 호기심으로 인해 여러 가지 다양한 발상이나 엉뚱하고 기발한 생각을 많이 해내는 장점도 있다.

집중력이 조금 부족한 것 같아도 다른 장점들이 있다. 대부분의 아이들은 이러한 산만한 증상을 보인다. 집중력이 부족한 아이는 몸과 마음이 따로 놀 수 있기 때문에, 아이의 눈을 보고 말하고 눈으로 들을 수 있도록 해주는 것이 좋다.

사람의 말은 실제로 귀로 듣는 것이 아닌, 눈으로 듣는 교육을 해야 한다. 눈으로 이야기를 들으면 뇌의 신경에 전달이 되기 때문에 쉽게 잊어버리지 않는다. 아이가 어렸을 때부터 엄마랑 눈을 보면서 말하는 것을 연습하면 아이의 집중력 향상에 도움을 줄 수 있을 것이다.

짜증과 신경질을 자주 내는 아이 운동법

아홉 살 미나는 자기가 원하는 것이면 무엇이든 손에 넣어야 직성이 풀리는 성격이다. 맞벌이를 하다 보니 미나를 일찍부터 어린이집에 보냈던 것이 미안했던 엄마, 아빠는 미나의 요구를 잘 들어줬다. 그러다 보니 언제부터인지 미나는 자신이 원하는 것이 생기면 짜증과 신경질을 자주 내기 시작했다. 자신의 이야기를 들어주지 않고, 갖고 싶은 것을 주지 않으면 막무가내로 짜증과 성질을 냈다. 그리고 말도 하지 않았다. 수업시간에도 자신이 못하는 동작이나 힘든 게 나오면 멈추고 가만히 있었다.

"미나야, 어려운 동작이지만 한번 해봐. 잘할 수 있어"라고 이야기해도 아이는 움직이지 않으며 짜증을 냈다. 몇 해 전 도장에서 태권도 시합 때 있었던 일이다. 시합 후 시상식에서 메달을 걸어주는데, 미나가 무엇이 짜증이 났는지 시상대에 올라가지 않고 밑에서 가만히 서서 움직이지 않았다. 이때 미나 엄마, 아빠도 어찌 하지를 못하고 안절부절했다. 그래서 나는 "미나야, 오늘 메달은 엄마 줄 테니 잘 가지고 가. 알았지? 그리고 내일 수업시간에 만나자"라고 이야기했다. 엄마에게도 걱정하지 말라고 하고 보냈다.

아이에게 당장 갖고 싶고, 먹고 싶고, 만지고 싶어도 참고 기다 릴 줄 아는 법을 가르치는 것이 중요하다. 호아킴 데 포사다(Joachim de Posada)가 지은 《마시멜로 이야기》에 보면 만족지연에 관한 이야 기가 나온다. 인내심이야말로 살면서 부딪히는 무수한 난관을 헤쳐 나갈 수 있는 근본적인 힘이다. 아이가 원하는 것을 얻기 위해서는 시간과 노력이 필요하다는 것을 배워야 한다. 나이가 어릴지라도 반 드시 교육시켜야 한다. 아이가 짜증을 낸다든지, 신경질을 낼 때 한 번 단호한 모습을 보일 필요가 있다. 부모의 단호한 태도를 통해 아 이는 짜증과 신경질을 내면 안 되는구나 하고 느낄 수 있을 것이다.

수업시간에 미나가 짜증을 낸다든지 신경질을 낼 때면 수업을 시키지 말라고 지도진에게 이야기했다. 수업에 참여한 모든 아이들 은 대부분 미나가 왜 짜증을 내는지는 알고 있었다. 그래서 수업을 마친 후에 아이들에게 다시 한번 인성 교육을 했다. 그날 있었던 상 황을 설명해주고, 아이들의 이야기를 들어보는 시간을 가지면서 미 나 자신의 모습을 돌아볼 수 있는 기회를 만들어줬다. 그리고 시간 이 지난 후 미나를 사무실로 불러서 짜증을 낸 이유를 꼭 물어봤다. 그리고 이 말을 해줬다.

"미나야, 관장님, 사범님은 모두 너를 도와주는 사람이야. 절대 널 괴롭히거나 힘들게 하는 사람들이 아니야."

　그러고는 아무 일 없는 듯이 수업을 진행했다. 이렇게 대하니 아이는 자연스럽게 좋아졌다. 미나에게는 한 살 어린 윤찬이라는 남자 동생이 있다. 그런데 엄마를 대신해서 윤찬이를 보다 보니 항상 자신이 손해 본다고 생각했던 것 같다. 부모들도 윤찬이를 더 이뻐했다고 한다. 그래서인지 미나는 윤찬이로 인해서 자신이 손해 보고 있다는 잘못된 인식을 가지고 있었다. 미나의 자존감을 높여 줘야 했다. 그래서 우리 지도진들이 수업시간에 미나에게 보다 많은 관심을 주고, 칭찬과 격려를 해줬다. 조금만 얼굴과 옷에 변화가 있으면 관심을 가져주고 응원을 해줬다. 수업시간에 짜증도 많이 내고 신경질도 거침없이 내던 아이가 시간이 지날수록 마음의 문을 열고 다가오는 것이 느껴졌다.

　이처럼 지도자들은 아이의 마음을 읽어주고 행동이 왜 그런지를 파악하고 진단할 수 있어야 한다. 이때 부모의 믿음도 상당히 중요하다. 미나 엄마는 항상 이야기했다. 자신도 어릴 때 미나처럼 짜증도 잘 내고 신경질도 잘 냈는데 자기를 닮은 것 같다고. 자녀의 좋은 점만 이야기하는 것이 보통의 엄마들인데, 미나 엄마는 자신의 딸을 정확하게 진단하고 있고 스스럼없이 딸의 단점을 이야기해 줬다. 아이의 감정을 이해하려 노력하고, 아이와 공감을 이뤄야 비로소 아이는 '말 상대가 된다'고 생각해서 사실을 털어 놓는다. 먼저 아이 편이 되어서 이해하려고 노력하는 것부터 시작해야 한다.

짜증내는 아이의 스트레스를 해소해줘야 한다. 어른들도 체중이 늘어나면 짜증이 늘게 되어 있다. 생리적으로 스트레스는 체중 증가에 크게 영향을 미친다. 비만 클리닉에서 제일 중요한 요법 중 하나가 스트레스 관리다. 스트레스를 풀어주지 않으면 인체에서 스트레스 호르몬이 증가해 식욕을 억제하지 못하게 된다. 미나도 처음에는 체중이 많이 나갔다. 하지만 규칙적인 태권도 수업을 통해서 체중이 정상으로 돌아오고 있다. 운동이 스트레스를 해소시켜줬다. 하루 1시간 땀을 흠뻑 흘림으로써 아이는 더욱더 건강하고 행복해졌다.

태권도 교육 같은 무도 수련은 짜증과 신경질을 내는 아이들에게 효과적이다. 왜냐하면 무도 수련은 개인별 수업이 아니라 단체로 같은 동작을 반복 수련하기 때문이다. 손동작과 발동작을 형들과 같이 수련한다. 이러한 단체로 수련하는 종목은 태권도, 유도, 검도, 합기도, 특공무술 등 많은 종류의 무도 수련에서 가능하다. 움직이고 싶어도 쉽게 못 움직이며, 뛰기 싫어도 다 같이 뛰어야 한다. 여러 명이 같이 수련하면 자기만 하기 싫다고 안 할 수 없는 노릇이라 규율과 규칙이 확실한 무도 수련은 짜증과 신경질을 잘 내는 아이들에게 효과적이다. 도장에 처음 등록하면 제일 먼저 하는 것이 수련 십계명을 가르치는 것이다. 수련 십계명은 수련자로서 지켜야 할 사명 같은 것인데, 이러한 규칙적인 교육을 통해 교화되고 순화될 수 있다.

08

잘 삐치고 질투가 심한 아이 운동법

유치원생인 지은이와 지혜는 쌍둥이다. 지은이가 언니고, 지혜가 동생이다. 지혜는 운동을 잘하고 인사성이 좋으며 예의가 바르다. 하지만 지은이는 감정의 기복이 심해 잘 삐치고 질투도 심하다.

지은이는 항상 지혜 탓을 하는 습관이 있다. 부정적인 감정의 원인을 매번 동생에게서 찾으려고 한다. 울면서 해결하려고 하고, 알아주기를 원하는 것 같다. 지은이는 친구들과 게임 중에도 공을 맞으면 그냥 울어버린다. 수업 중에도 뭐가 안 맞으면 바로 울어서 사범님을 힘들게 한다. 밖에서는 차량을 탈 때 지혜와 서로 먼저 앉으려고 싸우며 그 자리에서 울고불고 난리를 피운 적이 한두 번이 아니다. 지혜가 상을 받으면 삐쳐서 이야기도 하지 않는다.

자주 삐치고 질투가 심한 아이들은 2가지를 해결해줘야 한다. 첫 번째, 결핍이 오는 원인인 질투가 왜 일어나는지를 알아야 한다. 사랑이 부족해서 오는 것인지, 자신에 대한 사랑이 없어서 애정결

핍이 오는지를 알아야 한다. 지은이는 엄마, 아빠의 사랑이 부족하다고 여기고 자신에게 더 관심 가져주기를 원했다. 두 번째, 아이의 자존감을 높여줘야 한다. 지은이는 동생이 자기보다 칭찬도 잘 받고 귀여움도 많이 받아서 질투를 많이 했다. 그래서 지은이의 자존감을 높여줘야 했다. 도장이 2개이기 때문에 둘을 분리해서 수업하기로 했다. 1시간 동안 자매는 다른 도장에서 수업을 받고, 수업 후에는 다시 만나서 차량을 타고 집으로 갔다. 이렇게 지도자가 관심을 가지고 아이의 성향에 맞춰 지도를 하니 지은이는 조금씩 수업시간에 짜증도 줄고, 동생과의 싸움도 서서히 줄어들고 있다.

잘 삐치고 질투가 심한 아이는 정서적으로, 행동적으로 옆에서 도와줘야 한다. 특히 행동적으로 도움을 주는 것이 좋다. 아직 나이가 어리다 보니 유치원 준비물이며, 가방, 자신의 방 정돈 같은 것을 옆에서 조금 도와주면 정서적으로 안정을 찾기가 쉬워진다. 수업 전에는 긍정적이고, 즐거운 표정으로 아이에게 큰 목소리로 물어보는 것이 좋다. "지은아, 오늘 기분이 어때?", "즐겁지?", "오늘 기분은 몇 점이야?", "관장님은 백점인데. 넌?" 이렇게 첫 만남부터 즐겁게 이야기한다. 아이가 정서적으로 즐거운 마음을 갖고 운동을 할 수 있도록 도와줘야 한다.

잘 삐치는 아이는 감수성이 예민하기 때문에 다른 아이와 다르게 생각할 수 있다. 또한 또래 집단에서 불리한 입장에 놓이기 쉽다. 사소한 일로 눈물을 흘려서 친구를 사귀기도 힘들 뿐 아니라, 주위의 친구들이 놀리거나 왕따를 시킬 소지도 있다. 아이가 울 때마다 달래 줘서는 우는 버릇이 고쳐지지 않을 것이다. 울면 무엇이나 해결될 것이라고 생각하기 때문이다. 그래서 울더라도 그대로 놓아둬야 한다. 주위에서 달래거나 거들어 주지 않으면 아이는 점점 울지 않게 된다. 부모는 측은지심에 달래주고 싶겠지만, 울면 놔둬라. 아이에게 꼭 필요한 것이다.

하루는 도장 수업을 마치고 6시쯤 집에 가야 되는데, 지은이가 울면서 집에 안 가려고 했다. 노는 시간에 친구와 놀다가 게임에 져서 기분이 속상했는지 가방을 멘 채로 현관에서 울면서 안 가려고 하는 것이었다. 그래서 "너는 그럼 아빠가 퇴근할 때까지 기다려. 아빠가 너를 데리고 가실 거야. 관장님은 지금 갈 거야" 하고는 차량 운행을 나갔다. 그러고는 엄마에게 전화해서 자초지종을 설명하고, 아빠가 퇴근할 때 데리고 가시라고 이야기해줬다. 30분 후 도장에 돌아오니 아이는 혼자서 잘 놀고 있었다. 지은이에게 가서 "지은아, 네가 속상해서 차를 안 타면 엄마도 기다리고 걱정하시는데, 네가 안 가려고 하면 관장님도 널 데리고 갈 수가 없어. 그러니 아빠 올 때까지 배도 고프고 힘들겠지만 참고 기다려. 알았지?" 하고는 계속 휴게실에 뒀다.

다음 날 지은이를 사무실로 불러서 "앞으로도 계속 울기만 하면 관장님은 너를 안 데리고 갈 거야. 그러니 속상한 일이 있으면 이야기를 해. 알았지?" 하고 말했다. 요즘에 지은이는 집에 갈 때 잘 울지 않는다. 지은이가 울면 아무도 달래 주지 않으니 점점 우는 횟수가 줄어들고 있다. 잘 삐치는 아이는 절대 받아주면 안 된다. 자기 마음이 풀어질 수 있도록 지켜보고, 스스로 마음이 풀어져서 돌아오도록 기다려 주면 된다. 아무 일 없는 것처럼 말이다.

지은이처럼 잘 삐치고 질투가 심한 아이는 단체운동을 시키는 것이 좋다. 그러면 축구나 야구, 농구 같은 단체종목 운동을 통해 여러 운동종목의 아이들을 만나게 된다. 아이들은 개성과 관심사가 다르기 때문에 단체운동을 하면 친구도 새롭게 만들 수 있다. 또한 같이 운동하면서 연대감이 생길 수 있다. 우리도 어린 시절 동네에서 친구들과 계급장 치기, 말뚝 박기, 구슬치기 등 여러 명이 함께하는 놀이를 통해서 이해심, 배려심 등 사회성의 첫 단계를 배웠다.

이처럼 잘 삐치고 질투가 심한 아이는 앞서 이야기한 것처럼 행동과 정서적으로 안정을 주는 것이 좋다. 조금 더 수고스럽겠지만, 아이의 미래를 위해 옆에서 누군가가 좀 더 도와주는 것이 좋다. 이러한 성격의 아이들도 다르게 보면 감수성이 좋고, 독창적인 성격을 가진 아이라고 볼 수 있다. 그래서 자신의 성격을 어필하면서 사회를 경험하게 될 것이다.

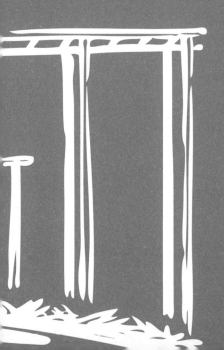

5장.

아이의 성적보다

중요한 것은 마음 근육이다

사람됨 교육은
운동이 최고다

대부분의 사람들은 '공부 머리'도 중요하지만, 자신과 다른 사람들의 마음도 잘 이해하고 관리하는 '마음 머리'가 훨씬 중요하다는 것을 이미 알고 있다. 마음 머리는 기본적인 인성 교육과 태도를 말한다. 부모, 선생님, 친구, 선후배, 이웃과의 태도가 공부를 잘하는 것보다 중요하다. 이용태 박사의《인성 교육, 성적보다 먼저다》, 조벽 교수의《인성이 실력이다》, 문용린 교수의《정서지능 강의》,《열살 전에 사람됨을 가르쳐라》등 다양한 책에서 아이들의 인성 교육에 관한 이야기를 하고 있다. 그만큼 인성의 중요성이 대두되고 있다는 것이다.

노홍철이 무명에서 사람들에게 인기 있는 연예인으로 유명해진 계기는 MBC〈게릴라 콘서트〉행사 후 운동장에서 휴지를 줍는 사진이 인터넷에 뜨면서였다. 평소의 시끄럽고 요란스러운 노홍철의 이미지가 새롭게 발견된 계기가 됐던 것이다. 국민 MC 유재석도 어떤 연예인보다 자기 관리와 인성이 좋은 연예인으로 정평이 나 있다. 유재석의 옛날 영상을 보면 모든 프로그램에서 다른 연예인을 높여주고, 자신은 철저히 낮추며 게스트를 배려하는 마음을 가진 것을 볼 수 있다. 이제는 누구나 유재석이라는 인물에 대해 그렇게 알고 있다. 그래서 유재석에게 열광하는 것이다. 이처럼 유명 연예인들은 많은 기자들과 SNS에 노출되어 있어서 평소의 태도가 방송 이미지와 다르면 일반인들이 바로 알아차린다. 몇 해 전 가수 신정환처럼 거짓된 이야기로 하루아침에 인기 정상의 연예인에서 바닥으로 내려오는 경우도 있다. 요즘에도 인기 연예인이 거짓말과 사람들을 속이는 행동으로 대중에게서 멀어지는 경우가 종종 있다.

아이들과 지내다 보면 선생님을 좋아하는 아이, 지도자들과 관계가 좋은 아이들이 있다. 이러한 아이는 수업태도도 좋다. 만약 미취학 아이라면 초등학교에 가서도 선생님들에게 귀여움을 받을 것이다. 운동시간에 아이들의 행동을 보면 모든 것이 나타난다. 특히 피구나 터치볼, 달리기 등 게임을 시켜보면 아이들의 도덕적 행동, 공감능력, 감정조절, 책임감 등 다양한 형태로 아이들의 성향이 나온다. 이러한 성향을 보고 거기에 맞춰 교육하고 도와준다.

유치원생들이 태권도장에 들어오면 자기 가방, 신발 정돈을 아주 잘한다. 줄도 잘 서며 물 마실 때도 줄 맞춰 차례를 기다리며 순서대로 잘 마신다. 그런데 신기하게 아이들이 초등학교에 다니게 되면 줄 서는 것, 신발 정돈하는 것, 가방을 사물에 정돈해놓는 것 등 모든 것이 흐트러진다. 왜 그럴까 하고 곰곰이 생각해보면 초등학교 가는 순간부터 이러한 생활 태도의 교육보다는 머리 교육에 치중하기 때문이 아닐까 하는 생각이 든다.

지우는 초등학교 1학년 때부터 태권도를 배운 여자아이다. 중학교에 올라갈 때까지 배웠으니 무려 6년을 배웠다. 언니랑 나이 차이가 있어서 엄마는 지우를 받들면서 키웠다. 하지만 도장에서 하는 태권도 리더십 캠프, 인내의 길, 1박 2일 캠프 등 다양한 프로그램을 통해서 아이는 리더십도 생기고, 친구들 사이에 인기도 좋은 아이로 성장했다. 지우는 5학년부터 6학년까지 시범단 활동을 했는데, 처음에는 단체생활에 적응하는 것을 힘들어 했다. 하지만 시범단에서 같이 여행을 다니고, 시범을 하며, 시합도 나가면서 리더십도 생겨서 초등학교에서는 전교회장을 맡았다. 시범단으로 중국 베이징 국제학교, 일본 치바 태권도대회 등 해외활동을 통해 견문을 넓힌 결과, 아이의 꿈은 외교관이 되었다. 현재는 고등학교 1학년으로 외국어고등학교에서 자신의 꿈을 이루고자 열심히 공부하고 있다. 지우 어머니를 길거리에서 가끔 만나면 지우가 태권도에서 모든 것을 배웠다면서 감사해 하신다. 꼭 태권도가 아니라, 어릴 때 배우는 운동은 운동 이상의 가치를 배우게 된다. 삶을 살아가는 방법을 운동을 통해 아이들과 어울리면서 배우게 된다.

지우랑 겨울에 중국 베이징에 시범을 간 적 있다. 대부분의 아이가 초등학교 4~6학년 아이들이었다. 한번은 식당에 갔는데 아이들이 음식이 맛없다고 먹지를 않았다. 그러고는 식당에서 떠들고 음식을 가지고 장난치고 있었다. 모두들 밖으로 데리고 나가서 차렷 자세에서 정신 교육을 시켰다.

"너희 잠바에 태극기가 붙어 있어. 너희가 한국 사람인 것을 여기 있는 중국인들은 모두 알고 있어. 아무리 먹기 싫어도, 다른 나라에서 왔으니 그 나라의 문화를 배우고 그 나라 문화와 음식을 소중하게 생각해야 해. 민간외교관으로서 대한민국을 망신시키는 일은 하지 말았으면 좋겠다."

추운 겨울, 찬바람을 맞으며 아이들에게 이야기해줬다. 그렇게 말한 다음부터는 지우를 비롯해서 모든 아이들이 솔선수범해 입맛에 맞지 않는 중국 음식을 맛보기도 하고, 조금씩 먹기 시작했다. 베이징 국제학교에 가서는 아이들에게 태권도 시범과 수업을 잘 진행했다.

이처럼 지우는 규칙적인 하루 1시간 시범단 운동을 통해서 끈기와 인내심을 길렀으며, 감사할 줄 아는 마음, 마음 나누기, 약속, 책임감, 자신감, 예의를 배웠다. 공부도 중요하지만, 초등학교 때는 몸으로 뛰어놀고, 야외 신체활동을 더 많이 하는 것이 중요하다. 어릴 때 건강한 아이가 어른이 되어서도 건강하다. 유치원 때 자주 신체활동을 하지 않은 아이들은 초등학교에 가서도 움직임이 현저히 떨어진다. 초등학교 시절에 잘 놀지 않고 체력이 약한 아이는 성장해서도 변하지 않는 경우가 많다. 아주 오래전부터 우리 인간은 아이 시절에는 밖에서 놀고, 자연을 벗 삼아 뛰어다녔다. 그러면서 배우고 몸으로 공부했다. 우리 아이들에게도 운동을 통해 사람됨 교육, 즉 삶에서의 태도 교육이 이뤄져야 한다.

운동은 선택이 아닌 필수다. 체력을 기르기 위한 첫 번째가 꾸준한 운동이다. 운동은 반복, 숙달을 통해서 실력이 향상된다. 이러한 반복, 숙달 교육이 아이들의 인성 형성과 마음 교육에 반드시 필요한 교육이다. 현대사회에서는 창의적이고 독보적인 사람이 성공하지만, 누구나 그렇게 성공하기는 쉽지 않다. 하지만 꾸준함과 성실함, 체력이 뒷받침되어 주면 어떤 일도 성공시킬 수 있는 밑거름이 될 수 있다고 믿는다. 어릴 때 놀이터에서 놀고 운동을 해본 아이는 인생을 살아가는 데 아주 중요한 운동능력을 지니게 되고, 체력을 가지게 된다. 또한 시합을 통해 성공과 실패를 맛보며 한층 더 단단해지게 될 것이다. 이런 경험들은 초등학교 가기 전에 한번쯤 경험해보는 것이 좋다. 평생 해야 할 운동을 어릴 때 체계적으로 시작해본다는 것은 아이에게 가르쳐야 할 중요한 과제인 것이다. 운동을 통해 느끼는 것은 책이나 핸드폰으로 느끼는 것보다 강렬하며 효과적이다. 가만히 아이를 가둬 두지 말고 밖에서 키워야 한다. 그래야 자신과 다른 친구들의 마음도 잘 이해하는 '마음 근육'이 발달할 것이다.

02

태권도를 통해
인성을 가르쳐라

JYP 엔터테인먼트 대표 박진영이 아이돌을 데뷔시킬 때 제일 먼저 교육하는 것이 인성 교육이다. 연예인으로서 꼭 갖추어야 할 것을 인성이라고 보고, 인성이 좋지 않은 친구들은 절대 연예인으로 데뷔시키지 않는다고 한다. 그래서 지금까지 JYP 소속 연예인은 다른 소속사 연예인들에 비해 큰 물의를 일으키지 않는 편이다. 결국 재능이 있어서 한순간 인기 연예인이 될 수는 있지만, 길게 성공하는 연예인이 되려면 인성이 받쳐줘야 가능하기 때문일 것이다. 이처럼 재능만큼 중요한 것이 인성이다.

아이들에게 운동을 시키면 바른 행동과 태도를 배우게 된다. 단체운동을 통해 인내심, 책임, 자신감을 배운다. 시합을 경험함으로써 팀원들에게 이해심도 있어야 하며, 배려도 필요하다는 것을 알게 된다. 수업시간에 제자들에게 제일 많이 하는 이야기가 태도에 관한 이야기다.

운동 중에서도 무도 교육이 인성 교육을 배우기가 좋다. 왜냐하면 무도 교육의 철학 중 대부분이 사랑, 충성, 인내, 극기, 예의, 성실 등 아름다운 가치에 대한 교육목표를 가지고 있다. 따라서 다른 어떤 스포츠보다 무도 교육은 인성 교육을 시키기 아주 적합한 운동이다. 하지만 스포츠종목 중 반칙을 써도 되는 스포츠종목들이 있다. 반칙을 정당하게 사용해도 칭찬을 받는 스포츠종목을 어린 시절에 시키는 것은 한번 고민해보는 것이 좋다. 아직 가치관이 정립되지 않은 아이들이 반칙을 해도 정당하게 되는 것은 혼란을 불러일으킬 수 있기 때문이다. 하지만 무도 교육 중 태권도 수련은 '예로 시작해서 예로 끝난다'고 할 만큼 예의 교육을 많이 실시하는 실천 무도다.

상호, 상철이는 일란성 쌍둥이다. 그런데 둘은 전혀 다른 성격을 가지고 있다. 형인 상호는 날씬하면서 운동도 잘하지만, 동생인 상철이는 과체중에 운동신경도 없다. 그래서 항상 형이 동생을 데리고 다닌다. 평소에는 상호가 태권도를 더 잘하고 열심히 한다. 그런데 2품이 된 어느 날, 상호 할아버지가 전화를 주셨다.

"관장님, 상호가 오늘따라 태권도를 가지 않으려고 울고불고하네요. 그러니 오늘은 도장을 못 보내겠습니다."

이날은 태권도 겨루기를 하는 날이었다. '겨루기가 겁나서 그런가? 아니면 어디가 아픈가?' 하고 걱정했다. 이날 상철이만 도복을 입고 도장에 와서 운동을 하고 갔다. 다음 날 상호를 사무실에 불러서 물어보니 형들이랑 겨루기 하는 것이 무서워서 못 왔다고 했다.

"상호야, 우리는 태권도장에 태권도를 배우기 위해 왔지 놀러 온 게 아니야. 처음에는 힘들고 아프기도 하겠지만, 이러한 너의 도전이 점점 강하고 씩씩한 너를 만들어 줄 거야."

이렇게 이야기를 해주며 어깨를 토닥토닥해줬다. 그러니 상호도 용기를 얻고 다음 시간부터 빠지지 않고 참여한다고 약속했다. 이처럼 태권도를 통해서 직접 경험하고 부딪히면서 몸으로 느끼며 배우는 것이 실질적인 인성 교육이다. 상호, 상철이가 어리다 보니 걱정도 많고 힘들어 했지만, 태권도를 통해 아이들은 스스로 느끼면서 성장하고 있는 것이다.

《위대한 수업》을 보면 태권도장에는 세 개의 인성 기둥이 있다고 한다. 첫 번째, 수련생에게 무엇이든 최선을 다하는 것이 습성이 되도록 이끈다. 미국에 있는 태권도장에 가서 아이들의 수업을 보면 에너지가 넘치고 수련 자세가 진지하다. 이것은 미국의 사범님들이 열정적으로 수업을 하고 있기 때문이다. 진지한 자세에서 도전과제와 장애물을 극복하는 방법을 터득하는 인격적 발달을 가져오게 한다고 한다. 두 번째, 상대와 마주 섰을 때 상대를 배려하는 존중과 협력의 자세를 강조한다. 수련하는 상대를 협조하고 배려하는 태도가 올바른 태도라고 이야기한다. 태권도 수련을 통해서 공

존과 협력의 인성 덕목을 습성화해 사회에서 타인과 어울려 살고 조화롭게 성장할 수 있게 한다. 세 번째, 체험적 교육을 추구한다. '열심히 하니 되더라! 열심히 하니 재미있더라!' 하는 것을 스스로 체험하고 깨닫도록 습성화시킨다고 한다. 이처럼 태권도의 교육철학과 목표에 관해 아주 잘 설명해주고 있다. 내가 미국을 두 번 가보면서 느낀 점은 '미국 아이들은 진지하고 열심히 태권도를 한다는 것'이었다. 미국에서 가장 발달한 무술이 태권도다. 미국의 부모들도 태권도를 통해서 인성 교육과 건강 교육을 시키고 있는 것이다.

중학교 때 나에게 태권도를 배운 혜영이는 이제 시집을 가서 아기를 낳았다. 이 아이가 커서 지금 우리 도장에 다니고 있다. 덕호는 이제 6세이지만 머리도 똑똑하고 이해속도도 또래보다 빠른 편이다. 수업내용을 다 이해하고 자기의 생각을 다 표현해 이야기를 한다. 덕호는 외할머니가 키우고 있고 엄마, 아빠는 맞벌이라 늦게 집에 온다. 그러다 보니 아이는 막무가내였다. 수업시간에 돌아다니고, 형들이랑 장난치고 떼쓰고, 자기 하고 싶은 대로 하면서 생활했다. 그래서 덕호를 데리고 나와서 이야기하고 처음부터 다시 가르쳤다. 첫 번째, 도장의 룰에 대해 설명하고 이해시켰다. 두 번째, 마음대로 움직이지 못하게 형들의 수업을 보여줬다. 세 번째, 칭찬과 격려를 주기적으로 해주고 조금씩 나아지는 모습을 엄마와 공유하면서 지도했다. 그리고 천천히 수업을 진행했다. 집에서는 가장 소중한 사람이고, 할머니가 제일 좋아하는 손주이지만, 도장에서

만큼은 흰 띠 그 이상도, 이하도 아니었다. 시간이 조금씩 지나 6세 아이가 흰 띠, 노란 띠, 주황 띠를 따니 이제는 수업시간에 돌아다니지 않고, 사범님 눈을 쳐다보며 수업에 집중하는 모습을 보인다. 이 모습을 보는 할머니는 너무 예쁘다고 매일 감사 인사를 하신다. 이렇게 우리 주위에는 아이들에게 태도 교육, 인성 교육을 하는 태권도장들이 많이 있다. 초등학교에 가기 전 운동 교육, 인성 교육, 신체활동 교육으로 태권도장 교육이 최고인 이유다.

하지만 주위에 태권도장이 많다 보니 대부분의 엄마들은 비슷한 교육을 한다고 생각들을 많이 하시는 것 같다. 하지만 태권도는 비슷해 보이지만, 배우는 태권도 교육의 질은 다양하다. 놀이만 하는 태권도장, 품새만 하는 태권도장, 겨루기만 하는 태권도장, 줄넘기만 하는 태권도장 등 각양각색의 태권도장들이 많이 있다. 첫인상이 중요한 것처럼 어떤 태권도장을 선택하든 우리 아이에게 제대로 된 운동습관과 인성을 키워주는지 알아보고, 잘 선택해서 배워야 할 것이다.

인성 교육은 반드시 해야 할 교육이다. 도장이나 학교에서도 해야 하지만, 무엇보다 가정에서 하는 것이 상당히 중요하다. '콩 심은 데 콩 나고 팥 심은 데 팥 난다'라는 말처럼 가정에서의 교육은 무척 중요하다. 그리고 하루 1시간만이라도 태권도장에 보내서 스트레스를 해소시켜주고, 운동습관을 기르며, 인성 교육을 시키자. 아이의 미래를 봐서라도 꼭 필요하다. 태권도 교육은 전국 어디서나 KTA 표준화교육과정으로 수업을 진행하고, 많은 지도자들이 노력하고 있다. 표준화교육과정은 필수과정과 선택과정에서 필수과정 안에 인성 교육 항목이 들어 있다. 이처럼 태권도장은 아이들에게 가장 필요한 인성 교육, 건강 교육을 책임지고 교육하는 기관이다.

아이들의 태권도 교육과 인성 교육에 대해 좀 더 알고 싶은 부모들은 '한국어린이 스포츠코칭협회'로 문의하면 된다. '한국어린이 스포츠코칭협회'는 운동선수 부모와 운동을 싫어하는 부모, 운동선수들의 동기 부여, 운동선수들의 인성 함양을 교육하는 곳이다.

운동습관은 자기주도학습능력을
높여준다

코로나 시대를 맞이해 온라인 수업이 대세가 되어서 대부분의 아이들이 모니터를 보면서 혼자서 공부하는 시대가 됐다. 대학생들도 카페 같은 곳에서 공부하는 모습을 많이 볼 수 있다. 따라서 혼자서 공부하는 자기주도학습 습관이 되어 있지 않는 아이들과 습관이 되어 있는 친구들의 학습능력 차이가 나타날 것이다.

운동과 공부는 공통점이 많다. 끈기와 체력도 있어야 하며, 반복과 숙달을 해야 된다. 대부분의 아이들은 학교 공부, 학원 공부, 집에서 혼자 하는 공부를 다 같이 보는 경향이 있다. 무슨 소리냐 하면 학원에 가서 수업 받고 오면 공부를 다했다고 이야기한다. 나는 아이들에게 이야기한다.

"학원 공부는 학교 공부와 같아. 왜냐하면 학교, 학원 공부는 선생님이 너희들의 머리에 넣어 주시는 공부이기 때문이야. 요즘 학교, 학원 안 가는 사람이 어디 있어? 공부는 혼자 스스로 해서 자기 것으로 만드는 사람이 공부를 잘하는 거야."

운동도 마찬가지다. 사범님, 코치 선생님들이 가르쳐주는 운동은 학교 공부와 비슷하다. 결국 잘하는 아이들은 재능도 뛰어나야 하지만, 자기 스스로 개인 훈련을 하는 아이들이 시합 성적도 좋게 나온다. 정규운동을 마친 후 하루에 한 동작을 500개씩 자기주도적으로 개인운동을 실시하면 한 달 후면 3,000개가 되며, 3개월 후가 되면 9,000개가 된다. 한 명이 어떤 동작을 배워서 그것을 시합에 활용하려면 10,000번을 연습해야 한다. 단군신화에서 곰은 사람이 되려고 굴속에서 마늘과 쑥을 100일간 먹은 뒤 사람이 됐다. 단군신화에서 보듯 습관을 몸에 익히려면 최소 3개월은 걸린다.

대학교 선배 중에 국가대표까지 한 선배에게 들었던 이야기다.

"나는 학교 운동도 열심히 했지만, 그것보다 시합 때 만날 상대들의 강점과 약점에 대한 개인운동을 더 했어."

시합 때 꼭 만나는 상대의 전술과 기술을 알고, 그에 맞춰서 혼자서 연습을 했다는 것이다. 그 이야기를 듣고 역시 실력 있는 사람이 괜히 실력이 있는 게 아니라는 것을 느꼈다.

2002년 월드컵 스타 중 이영표 현 KBS 축구 해설위원도 비슷한 이야기를 했다. 한 TV 프로그램에 나와서 자기는 운동을 마친 후 개인연습을 했고, 남들보다 1시간 일찍 일어나서 줄넘기를 시작했다고 이야기했다. 그래서 재능보다는 노력으로 현재의 위치에 왔다고 했다. 이처럼 뛰어난 선수들은 재능만 있는 것이 아니라, 자기주도적인 개인 훈련을 통해서 보다 나은 선수가 된다.

태권도를 지도하면서 일주일에 한 번은 개인운동 시간을 준다. 개인운동 시간에는 혼자서 스스로 부족한 부분을 연습한다. 처음에는 뭘 해야 하는지를 몰라 힘들어 하지만, 어느 정도 시간이 지나면 자신이 뭐가 부족한지, 뭘 더 연습해야 하는지를 알기에 아이들은 자주 개인연습 시간을 달라고 한다. 공부든, 운동이든 개인시간이 중요하다. 스스로 생각하고 한다는 것이 효과나 능률 면에서 월등히 좋다.

유림이는 초등학교 선수 시절에 개인 훈련도 하고, 단체 훈련도 많이 해서인지 중학교에 가서는 스스로 공부를 잘하는 것 같아 보기가 좋다. 학원도 다니지만 학원 공부보다 스스로 하는 공부를 더 열심히 하는 것 같아 부모로서 기분이 좋다.

운동 후에는 부모들이 잘 지도해야 학습능력을 높일 수 있다. 대부분의 아이들이 운동 후 집에 와서 소파에 쉬다가 자기 일을 할 것이다. 하지만 운동 후 몸을 깨끗이 샤워하고 나서 1시간 정도가 아이의 머리 회전이 가장 좋을 수 있다. 왜냐하면 운동하고 나서 샤워하면 기분이 상쾌하다. 이때 공부하는 습관을 들이면 좋은 결과를 가지고 올 것이다.

초등학교 1학년 정수는 늦둥이 아들인데 운동신경도 뛰어나고 몸도 가볍다. 도장에서는 운동도 잘하고 사범님 말씀도 잘 듣는다. 그런데 엄마가 너무 다 해주다 보니 혼자서 할 수 있는 게 없다. 어떨 때는 도복도 혼자서 못 갈아입어서 엄마가 탈의실에서 갈아입혀 준다. 그래서 그렇게 하면 안 된다고 여러 번 이야기한 후부터 아이가 혼자서 옷을 갈아입는다. 정수는 학교 앞의 학원을 다니는데 그곳에서도 똑같은 행동을 한다고 아이들이 이야기해줬다.

"관장님, 정수는 자기 혼자서 잘 못해요. 항상 엄마가 도와줘요."

이제 초등학생이라 스스로 해야 하는데 어리다고 생각하는 부모 때문에 아이 스스로 하지를 못하고 있는 것이다. 그래서 엄마에게 "어머니, 정수가 귀한 자식이라 얼마나 예쁘겠습니까? 하지만 정수가 혼자서도 잘하니 우리 지켜보도록 해요. 조금만 참으시고요"라고 상담했다. 엄마는 조심스럽게 지켜만 보겠다고 약속했다. 1년이 지난 후 정수는 이제 스스로 학원도 가며, 혼자서 도복도 갈아입는다. 결국 엄마가 기다려 주고 혼자서 할 수 있도록 지켜보면 되는 것이다.

운동습관의 첫 번째는 준비성이다. 우리 도장의 모든 지도자들은 그날 수업준비를 수업 2시간 전에 완성한다. 매트, 미트, 운동기구를 정리 정돈하고, 그날 수업내용을 미리 준비해서 수업을 진행한다. 그리고 꼭 정시에 수업을 진행한다. 수업이 시작되면 준비운동부터 본운동, 정리운동까지 체계적으로 매 수업을 진행한다. 수업을 마친 후에는 모든 친구들이 함께 사용한 운동장비를 정돈하고 수업을 마친다. 운동할 때는 열심히 하는 것을 원칙으로 한다. 선배가 후배를 가르쳐 주기 위해서는 선배는 모범이 되는 행동을 하게끔 교육한다. 나이가 어려도 띠가 높으면 운동선배이기에 나이가 많은 형들에게 품새를 지도하는 훈련을 한다. 이러한 교육이 자연스럽게 몸에 배여 아이들 스스로 수업을 진행할 수 있는 능력이 생긴다. 아이들이 자기주도학습을 자연스럽게 몸에 익히도록 가르치고 있다.

부모들 중에서 아이의 자기주도학습에 관심이 많다면 이 책의 표지에 있는 연락처로 연락하기 바란다. 아이가 좋아하는 운동을 이용해 여러 가지 동기부여가 가능하다. 운동하는 아이들이 학업과 체력을 동시에 기를 수 있도록 나의 경험과 노하우로 코칭해줄 수 있다.

04

사회성을
가르쳐라

코로나 기간에 초등학교에 입학한 아이들은 학교를 일주일에 한두 번 갔다. 그러다 보니 새로운 친구들도 잘 만나지 못하고, 교실에서 수업만 하고 집으로 왔다. 이런 과정들이 계속되다 보니 아이들은 친구관계를 목말라 하고 그리워했다. 엄마들도 적극적으로 아이들의 교우관계에 관심을 가졌지만, 사회적 네트워크가 온라인에서만 진행되고 있는 실정이다.

코로나가 잠깐 잠잠해졌을 때 일산 원마운트에 물놀이 캠프를 간 적이 있다. 많은 사람들의 걱정이 있었지만 평일이라 사람이 없었기에 진행했다. 6개월 동안 밖으로 나가지 못하고 매일 같은 운동만 하다 보니 환경에 변화를 줄 필요가 있었기 때문이다. 또한 물놀이를 부모랑 같이 못 가는 아이들도 주위에 많았다.

재형이는 이제 초등학교 1학년인데, 태권도장에 등록해서 처음으로 행사에 참여했다. 재형이는 그곳에서 말도 잘 듣고 신나게 친구들과 놀고 재미있게 물놀이를 했다. 점심 먹고서도 아이는 신나게 놀고 있었다. 그런데 집에 가려고 약속한 시간이 됐는데 아이가 나타나지 않았다. 그래서 1시간가량을 찾아다녔다. 대부분의 아이들은 약속시간에 늦게 도착하면 운다. 아무리 찾아다녀도 재형이가 보이지 않았다. 방송도 여러 번 하고 모든 지도진이 찾아 다녔는데, 아이는 물놀이장 파도 풀에서 혼자서 놀고 있었다. '아, 드디어 찾았구나' 하고 안도하며 아이와 이야기했다.

"재형아, 약속시간이 3시였는데 생각이 안 났어?"
"네."

차 타고 오는 내내 재형이를 생각했다. 이런 일은 처음 있는 일이었다. 대부분 물놀이 캠프를 가면 5분 정도 지각할 수는 있지만, 이렇게 1시간 늦게 오는 일은 드문 일이었다. 그때 머리를 스치고 지나간 것이 '아, 코로나 때문에 1학년 아이들이 단체활동과 사회성을 배우지 못했구나. 혼자서 노는 것이 익숙해서 시간 약속을 지켜야 되는지 몰랐구나' 하는 생각이 들었다.

코로나를 통해 많은 것이 변하고 있다. 온라인에서 친구도 맺고, 공부도 하며, 의사를 소통하지만, 오프라인에서의 생활과 교육이 안 되다 보니 공동체 생활에서의 문제점이 조금씩 보이는 것 같다.

도장에서 아이들을 지도하다 보면 하루에 1시간씩 도장에서 수업하는 모습은 잘 따라 하고, 열심히 하는 아이들이 많다. 하지만 1박 2일 캠프라든지, 1박 2일 합숙 같이 24시간 동안 아이들과 함께 하다 보면 평소와는 다른 모습을 보이는 경우가 더러 있다. 그래서 나는 모든 지도자들에게 1박 2일 캠프와 합숙 프로그램을 할 때 꼭 아이들을 지켜보라고 이야기한다. 왜냐하면 평상시와 다른 새로운 모습을 많이 보기 때문이다.

요즘은 핸드폰 게임, 컴퓨터 게임 등 혼자서 놀 수 있는 놀이들이 너무나 많다. 집에서 아이들이 혼자 보내는 시간들이 많다 보니 타인과 어울려 지내는 것을 두려워하는 아이들도 있다. 이러한 환경이 지속되다 보면 사춘기에는 자기 방에서 안 나오는 친구들도 생기기 마련이다. 이런 아이들은 교우관계에서 상처받기도 쉽고, 스트레스도 잘 받는다. 그래서 점점 자기만의 세계에 빠지기 쉽다.

이처럼 사회성이 부족한 아이들은 대체로 부모의 과잉보호와 무관심 때문이다. 아이들이 친구들과 어울려서 밖에서 활동하는 것이 아직은 어리다고 생각해서 집에만 둔다든지, 엄마, 아빠가 바빠서 아이들과 함께 가족행사라든지 친척들과의 왕래를 하지 않은 경우다. 아이들은 밖에서 친구들과 뛰어놀면서 이해와 양보를 배우며, 어른들의 생활을 직접적으로 보면서 대인관계를 자연스럽게 배운다. 하지만 어린 시절에 스마트폰이나 컴퓨터와 생활하는 일이 많아질수록 대인관계나 사람과의 소통에 한계를 보일 수 있다.

이러한 아이들에게 가장 좋은 것은 운동을 통해서 사회성 함양을 키우는 것이다. 운동은 혼자 하는 운동이 아닌 단체로 하는 운동을 한다. 특히 축구, 농구 등 단체종목 운동은 그 속에서 배우는 모든 것이 공동체 교육과 단체 교육이 된다. 공동체 의식이란 혼자만 생활하는 것이 아닌, 다 같이 조금씩 손해를 보더라도 공동의 이익을 위해서 양보하는 것이다. 또한 태권도장에서 실시하는 1박 2일 합숙 캠프, 물놀이 캠프, 전지 훈련, 시합 출전 같은 행사도 공동체 의식을 키워주기 좋은 행사다. 하루, 이틀을 온전히 함께 보내면서 새로운 친구들과 형, 동생들을 사귈 수 있는 좋은 기회다.

초등학교 5학년인 의채는 외동아들이다. 그러다 보니 엄마, 아빠의 많은 관심 속에서 운동을 한다. 운동에 소질도 있어서 잘하고, 시합을 통해서 자신감도 많이 얻어 엄마, 아빠도 좋아하신다. 그런데 의채는 아직도 엄마랑 떨어져서 잠을 자지 못한다. 자신감이 넘치고 자존감도 있는 아이인데, 1박 2일 합숙을 못한다. 엄마는 아들이 어릴 때부터 따로 재우고, 부모랑 떨어져서 잠도 재우고 싶었는데 그때마다 아이가 울어서 안쓰러워 맨날 옆에 재우고 잤다고 한다. 그러다 보니 아이가 집을 떠나 혼자서 생활하는 것 자체가 어려웠다. 공부도 잘하고 모든 것이 완벽한 아이인데, 엄마가 옆에 없으면 자신감이 떨어지는 모습에 조금은 안타까운 심정이다.

앞으로의 사회는 개인의 뛰어난 역량도 필요하지만, 무엇보다 주위 사람들과의 관계성이 좋아야 한다. 사람과 사람이 어떤 관계를 맺고 지내는지에 따라 능력을 인정받고, 인정해주기 때문이다.

나는 초등학교 시절에 남들 앞에서 이야기하고 발표하는 것을 두려워해서 부모님께서 웅변학원을 보내주셨다. 나중에는 웅변으로 전국대회도 나가서 상도 받고 그랬다. 그런데도 발표할 때마다 두려운 것은 잘 고쳐지지 않았다. 남들 앞에서 발표하는 것이 항상 쑥스럽고 부끄러웠다. 하지만 태권도를 배우고 나서 새로운 친구들을 사귀고, 같이 합숙과 캠핑을 가면서 조금씩 부끄러워 하는 마음이 없어졌다. 자연스럽게 자신감이 생기고, 사회성이 좋아지기 시작했다. 그로 인해서 학교 때 반장을 하기도 하고, 대학 때는 과대표를 맡아서 할 정도로 친구들과 관계성도 좋아졌다.

운동은 최고의 사회성 교육이다. 동호회 사람들끼리 운동을 통해 땀 흘리면서 맺는 사회적 네트워크는 다른 조직의 친밀성보다 더 끈끈하고 사이가 좋다. 아이들의 사회성을 발달시키려면 운동을 하는 것이 좋다. 운동을 하면서 많은 사회적 과정을 경험할 수 있다. 사회적 과정의 경험은 긍정적이고, 가끔은 다툼도 있지만 이러한 과정들이 우리 아이들이 성장하는 데 좋은 밑거름이 될 것이다. 지금 당장 아이와 함께 손을 잡고 동네 스포츠클럽이나 무술도장을 가서 아이의 사회성을 길러주자.

배려할 줄 아는
아이로 키워라

배려심은 왜 생기는 것일까? 배려하는 마음은 표현하는 방식에 따라서 상대방을 감동하게 할 수도 있고, 짜증나게 할 수도 있다. 따라서 배려할 줄 아는 아이로 키우기 위해서는 역지사지(易地思之)의 마음을 먼저 가르쳐야 한다. 그럼 역지사지란 무엇인가? 상대방의 처지나 입장에서 먼저 생각해고 이해한다는 뜻이다. 이처럼 역지사지의 마음은 배려의 밑바탕이다. 남을 생각하는 마음, 남이 불편해 하지 않도록 미리 생각해 행동하는 것들이 아이들 마음속에 자연스럽게 생기게 해야 한다. 배려를 하고 나면 아이들 마음속에 좋은 감정이 생겨야 한다. 내 것을 주고 나서도 플러스가 되는 기분 좋은 감정 말이다.

세네갈 출신이자 리버풀의 스타플레이어인 축구 스타 사디오 마네(Sadio Mane)는 액정이 깨진 아이폰을 가지고 다녔다. 팬들이 그 이유를 궁금해 하자 그는 놀라운 이야기를 했다.[5]

"내가 왜 페라리 10대, 다이아몬드 시계 20개, 전용기 2대를 가져야 하나요? 그게 세상에 무슨 도움이 될까요? 과거에 난 배가 고팠고, 농장에서 일했으며, 맨발로 뛰어놀았고, 학교에 다니지도 못했습니다. 하지만 지금 나는 사람들을 도울 수 있습니다. 나는 학교를 짓고, 가난한 사람들에게 음식과 옷을 나누어 주는 것을 더 좋아합니다. 그동안 여러 학교를 지었고, 경기장도 하나 지었습니다. 나는 극도로 가난한 사람들에게 옷과 신발, 음식을 제공하고 있습니다. 거기에 매달 70유로(약 10만 원)씩 세네갈의 가난한 사람들에게 생활비를 지원해주고 있습니다. 나는 값비싼 고급차들과 고급저택, 비행기를 떠벌리고 자랑할 필요가 없습니다. 나는 그저 내 나라 사람들에게 삶이 내게 준 것들 가운데 조금이라도 함께 받아 누릴 수 있는 것이 더 좋습니다."

마네는 자신의 것을 타인에게 나누고 배려함으로써 더 큰 행복과 만족을 누리고 있다. 이처럼 축구선수 한 명의 영향력은 상상 이상으로 세네갈이라는 한 나라에 미치고 있다. 우리는 아이들에게 기브 앤 테이크(Give and take)를 생각하면서 가르치면 안 된다. 어찌 인생에서 매번 기브 앤 테이크가 있겠는가? 어떨 때는 기브만 있고, 어떨 때는 테이크만 있을 때도 있는 것이다.

---

5. '축구스타 사디오 마네, 왜 깨진 아이폰을 사용하냔 질문에 답변 충격적', 〈딴지USA〉, 2020. 09. 01. 참고.

타인이 짜증을 내는 배려는 내 판단으로 밀어붙이는 배려다. 배려라고 해서 마냥 다 좋은 것은 아닐 것이다. 나는 호의를 베풀었는데 상대가 싫어한다거나 좋아하지 않으면 하지 않는 것보다 못한 경우도 있다. 그리고 똑같은 것을 두 번 이상 물어보는 배려가 있다. 이것은 상대에게 계속해서 배려를 해주려고 물어보는 것인데, 오히려 상대를 더욱더 힘들게 하는 것이다. 예를 들어 음식집에서 친구가 싫다는데 고기를 더 먹으라고 재촉한다던지, 도움을 요청하지 않았는데 스스로 판단해 여러 번 계속 이야기하는 행동이다. 이러한 배려는 지양해야 할 배려다. 아이에게 자기 생각에만 빠져서 타인을 배려하는 것은 실례일 수 있다고 이야기해줘야 한다.

태권도장에서는 배려를 교육할 때 '강한 사람이 약한 사람을 도와주는 것'이 배려라고 교육한다. 이 말은 힘이 있는 사람이 양보하는 것은 배려가 될 수 있지만, 힘이 약한 사람이 힘센 사람에게 배려하는 것은 배려가 아니라 비굴일 수도 있는 것이다. 초등학교 때 선생님께서 이런 말씀을 하신 적이 있다.

"남자는 여자를 지킬 수 있는 힘이 있어야 한다. 그래서 남자 한 명 정도는 싸워서 이길 수 있는 힘을 길러야 한다."

학교 다닐 때는 무슨 이야기인지 몰랐는데 어른이 되어서야 그 뜻을 알게 됐다. 결국 배려라는 것은 강한 사람이 할 수 있는 것이다. 여기서 말하는 강한 사람이란 힘센 사람일 수도 있고, 공부를 잘하는 사람일 수도 있다. 또한 다른 친구가 가지고 있지 않은 것을 가진 사람일 수도 있다. 이처럼 배려는 약한 사람이 아닌, 강한 사람이 자신의 것을 남에게 나눠 주는 것이다.

그래서 어릴 때부터 운동은 꼭 필요하다. 힘센 사람이 되기 위해서가 아니라, 운동을 통해 체력이 강해지고, 정신력도 강해지기 위해서다. 체력과 정신력을 키워야 약한 사람을 배려하고, 도와 줄 수 있는 것이다. 따라서 운동은 필수다.

06

행복지수가
높은 아이로 키워라

스트레스는 삶과 신체에 큰 영향을 미친다. 스트레스로 인해서 대인관계를 기피하게 되고, 다른 사람에게 안 좋은 영향을 끼친다. 신체는 정상치 이상의 코티졸과 인슐린 호르몬을 분비시켜서 배고 픔을 느끼게 하고, 지방을 저장하게 만든다. 이러한 일이 똑같이 반복적으로 일어난다. 이러한 악영향을 단번에 끊어 줄 수 있는 것이 운동이다.

다른 선진국에서는 체육 수업이 늘어나고 있지만, 우리나라는 유독 체육 수업이 줄고 있다. 입시 때문에 체육이 필요 없다고 생각하는 사람들이 많은 것 같아 안타까운 심정이다. 《운동하는 아이가 행복하다》를 보면, 운동은 아이들이 행복할 권리라고 말한다. 아이들은 사실 아무 잘못이 없고, 문제는 부모, 선생님, 교육정책을 집행하는 공무원, 정치인 같은 어른들에게 있다. 학교, 대학입시, 교육정책을 엉망으로 만든 사람은 어른들이다. 텅 빈 운동장을 만든 책임은 어른들에게 있다. 아이들은 놀이터나 운동장에서 뛰어놀고, 친구들과 흙을 만지며 공도 차고 정글짐도 통과하면서 놀아야 하는데, 스마트폰, 컴퓨터 게임으로 인해 신체활동 시간이 줄어들고 있다. 그로 인해 비만, 운동부족, 학교 폭력, 흡연 등 다른 피해도 생긴다. 운동은 이러한 신체적 문제와 스트레스를 막아 줄 수 있다.

나는 일주일에 한두 번 새벽 6시에 축구를 한다. 조기 축구를 한 지는 15년이 넘었고, 아침에 따로 축구를 한 지는 이제 5년 정도 되어간다. 운동량이 부족해서 시작한 아침 축구이지만, 새벽에 1시간 운동장에서 축구를 하고 오면 활기가 더 생긴다. 하루에 1시간 운동으로 남은 23시간이 행복하다. 이러한 운동습관은 초등학교 때부터 꾸준히 한 태권도가 영향을 미쳤다.

아이들도 하루에 1시간 운동을 통해 행복한 시간을 가질 수 있다. 놀이터도 괜찮고, 학교 운동장도 괜찮다. 어디든 상관없다. 사람은 원래 움직이는 동물이라 가만히 있으면 더욱더 아프게 된다. 주위에 이렇게 뛰어놀 공간이 없다면 사설 체육시설을 보내는 것도 방법이다. 특히 안전하고, 행복하게 운동을 시키려면 태권도나 무술도장을 추천한다. 무술도장에서 1시간 수련을 하면 신체의 모든 부분을 발달시켜주고 자극시켜 줄 수 있다. 운동은 자신감 넘치는 생활을 할 수 있도록 도와준다.

코로나 기간에 한참을 쉬고 온 아이들 대부분이 운동을 시작해서 행복해했다. 그중에 은형이는 초등학교 1학년이라 더욱더 집에서만 생활하는 것이 힘들었을 것이다. 은형이는 "관장님. 엄마, 아빠가 코로나에 걸린다고 해서 학교도 제대로 못 가고, 밖에서 놀지도 못하고, 집에만 있었어요. 집에만 있는 게 너무 힘들었어요. 공부하는 것보다 더 힘들었어요"라고 말했다. 은형이는 도장에서 운동을 시작한 후 표정과 목소리에 더 힘이 생기고, 활기가 넘치는 생활을 하고 있다.

운동은 어릴 때 시작하는 것이 좋다는 몇몇 부모들의 생각 때문에 어린이 스포츠가 점점 전문화되고, 체계화되는 경향이 있다. 뛰어난 선수를 만들기 위해 더 많은 연습을 시키고, 더 많은 시합을 나가며, 더 많은 개인 레슨을 시키려고 한다. 태권도 선수들을 지도하는 대부분의 코치들은 이야기한다. 초등학교, 중학교 때 강자가 국가대표가 되지 못한다고. 그 이유는 신체조건과 정신력이 상급학교로 진학하면서 차이가 나기 시작하기 때문이다. 따라서 유치원생이나 초등학생들의 운동은 즐겁고 재미있어야 한다. 시합도 운동에 흥미를 주고, 동기 부여를 향상 시킬 정도로만 가끔 나가는 것이 좋다. 또한 한 종목만 깊이 하는 것보다는 어린 시절에는 여러 종목을 같이 배우는 것을 추천한다. 여러 운동을 통해서 다양한 운동패턴, 새로운 근육의 움직임을 배울 수 있다. 한 종목만 하는 아이는 쉽게 싫증을 낼 수 있기 때문에 여러 종목을 병행해서 운동해야 사회성도 좋아지고, 지금보다 더 행복해질 수 있다.

초등학교 때 선수를 했던 아이들 중 몇몇은 상급학교에 진학을 하지 않고 운동을 그만둔다. 승부에 집착하다 보면 행복한 운동을 하지 못하고, 시합에 이기기만 바라게 된다. 마냥 이길 수만은 없는 것이 운동인데, 안타깝다.

중학교 선수부에 다니고 있던 용재는 초등학교에서는 좋은 선수였지만, 중학교에서 체격이 성장하지 않아서 시합에 이기는 것보다 지는 횟수가 많아졌다. 그리고 부모도 승리에 대한 욕심을 내다 보니 운동하는 것 자체가 아이에게는 곤욕이었다. 이런 시간이 점점 늘어나니 운동에 대한 회의와 자신감 부족으로 운동을 그만뒀다. 재능이 있고, 소질도 있는 아이였지만 도중에 그만둔 것이다. 이런 운동선수들이 한 해에 많이 있다.

행복지수가 높은 아이로 키우려면 승리했을 때 기쁨보다 과정에 얻는 기쁨에 더 많은 격려를 해야 한다. 부모가 승리했을 때 너무 기뻐하면, 아이는 점점 결과에 치중하며, 승리를 못할 것 같으면 회피하게 된다. 따라서 결과보다는 준비하는 과정에 응원하고, 시합이나 시험을 즐기게 교육해야 한다. 그래야 아이는 또다시 도전하고 앞으로 나아간다. 과정에 대한 칭찬을 할 때 좋은 방법은 어떤 결과를 기다릴 때 칭찬해주는 것이다. 결과를 보고 칭찬하는 것이 아니라, 결과가 나오기 전에 '결과가 아닌 과정을 격려'해야 한다. 이런 방법은 부모가 말이 아닌 실천으로 보여주는 좋은 방법이다.

"아들, 내일 시합 잘해", "아빠, 엄마는 네가 이번 시합에 출전하는 것만으로도 행복하고 대견해", "네가 이렇게 큰 시합에 다 출전하다니 대단해. 아들", "지금까지 최선을 다한 모습에 엄마, 아빠는 행복해. 내일도 열심히 응원할 테니 결과는 하늘에 맡기고, 네가 가지고 있는 모습을 보여줘" 이렇게 이야기하면, 아이는 부모가 지금까지의 과정을 칭찬하고 격려해준 것이기 때문에 최선을 다해 행복한 시합을 할 것이다. 꼭 응원하자! 결과보다 과정을.

특히 아이가 초등학교 저학년 때는 공부보다는 밖에서 뛰어놀고, 놀이터에서 배우는 것이 더 많을 나이다. 그런데 공부만 시키다 보니 행복한 초등학교 시절은 아무 생각 없는 초등학교 시절이 되어버린다. 하루에 1시간만이라도 운동으로 스트레스를 해소하고, 살아 있다는 것을 느끼며, 생활하는 아이는 얼마나 행복한가? 우리는 아이가 행복해질 수 있는 습관을 가르쳐야 한다.

'한국어린이 스포츠코칭협회'는 행복하게 운동하는 아이를 모토로, '즐거운 스포츠활동, 행복한 스포츠활동'을 만들기 위해 코치 선생님, 학교 체육 선생님, 운동선수를 둔 학부모, 아이에게 행복한 운동과 동기부여를 제공하는 코칭협회다. 상담이나 교육을 원하면 문의해주기 바란다.

07

승부욕보다
태도가 중요하다

인터넷에서 본 어느 배달 라이더의 이야기다. '부자들은 막말로 싹수가 없을 것'이라는 편견을 가지고 있었는데, 고급 아파트에 배달을 가서 정말 충격을 받았다고 했다. 엘리베이터에서 내렸는데, 고객이 이미 문을 열고 기다리고 있다가 환하게 웃으면서 "감사합니다"라고 인사했단다. 정말 친절한 사람에게는 에너지 드링크 음료를 받은 적도 있다고 했다. 반면 가난하면 더 살뜰하고 정도 많을 것 같은데 전혀 아니라고 했다. 가난한 사람들은 정당한 지불을 하지 않으면서 원하는 게 많고, 정책상 원래 안 되는 건데 서비스로 "이거 달라. 저거 달라" 별걸 다 요구한단다. 또 때마다 다르지만, 배달 받는 사람들의 인성도 별로다. 말투도 차갑고, 행동에도 여유가 없다. 인사는커녕 돈을 냈으니 '갑질'하겠다는 마인드가 너무 보인단다. 그리고 배달을 완료한 후에도 가게에다가 '음식이 짜다', '싱겁다', '맛이 없다'라고 컴플레인을 하는 비율이 많다고 했다.

이 글에 나온 이야기가 모든 부자와 가난한 사람을 대변하지는 않을 것이다. 사람마다 다 다르며, 가난한 사람들 중에도 친절한 사람은 많을 것이다. 부자들 중에는 매너나 태도가 안 좋은 사람도 있을 것이다. 아이들을 20년째 가르치다 보니 결국 사회에서 성공하고, 자신의 삶을 주체적으로 사는 것은 태도가 좋은 친구들이었다. 감사, 겸손, 이해심, 정직, 존중, 책임, 친절 등 세상을 대하는 태도는 다양하다. 이처럼 세상을 대하는 태도에 따라 삶이 달라진다.

대부분의 부모들 마음속에는 우리 아이가 이렇게 됐으면 하는 모습들이 있다. 그것은 공부도 잘하고, 돈도 잘 벌며, 유명한 사람이 되기를 바라는 마음일 것이다. 우리 아이가 학교에서 생활도 잘하고, 공부도 잘하며, 인사성도 좋고, 친구들 사이에서 인기도 많은 아이가 되기를 바랄 것이다. 내 아이도 이러한 아이가 될 수 있다. 바로 태도가 좋은 아이로 성장시키면 된다. 태도 중에서도 도덕적 태도를 가질 수 있도록 교육해야 한다. 도덕적 태도란 도덕적으로 올바른 행동을 하는 것이다. 아이는 부모의 삶을 보면서 배우고 자란다. 부모의 삶이 절제가 있고, 규칙적이어야 한다. 부모가 반칙을 쓰고, 말과 행동이 달라지면 아이는 도덕적 행동을 하지 못하게 된다. 승부욕에 반칙을 써서라도 이기려고만 할 것이다.

부모는 정직한 태도를 가져야 한다. 정직한 언행과 솔직한 표현은 아이를 책임감 있는 사람으로 성장시킬 것이다. 부모가 아이 앞에서 잘못을 인정하고, 결과에 책임지는 모습을 보일 때 아이는 정직을 배우며 책임감도 배운다. 부모가 지키지도 않을 약속을 많이

해서 아이에게 신뢰를 잃어서는 안 된다. 아이에게 너무 말을 많이 해서도 안 된다. 한 템포 쉬어서 말이 정리됐을 때 하는 것이 좋다.

용기는 정직, 온유, 겸손, 친절 등 다른 행동을 할 수 있도록 해 주는 좋은 태도다. 따라서 부모의 적극적인 지지가 아이를 용기 있는 아이로 만들 수 있다. 부모의 지지는 아이의 자존감도 높이지만, 아이가 용기 있는 사람이 되게 할 수 있다. 남을 도와주는 용기, 거짓말을 하지 않는 용기 등이 생기기 때문이다.

겸손은 아이를 더욱더 빛나게 해준다. 겸손은 거만하지 않도록 하면서 조용한 힘을 갖게 해준다. 우리 아이가 자기보다 약한 사람이나 후배보다 자신이 더 우월하다고 느끼지 않도록 교육한다. 우월감에 고립되거나 왜곡된 인식을 가지 않도록 해야 한다.

친절한 태도를 가르쳐야 한다. 아이는 타인에게 친절을 베풀며 행복한 삶을 살 수 있다. 부모가 친절한 태도를 보이면, 아이도 친절한 태도를 갖게 된다. 가난하다고, 덜 배웠다고 해서 인생을 잘 못 사는 것은 아니다. 태도가 좋은 아이는 성장하면서 하루아침에 바꿀 수 없는 좋은 태도로 인해 삶에서 좋은 결과를 얻을 수 있다.

운동습관이 공부습관을 이긴다

제1판 1쇄 | 2020년 12월 20일

지은이 | 이평원
펴낸이 | 손희식
펴낸곳 | 한국경제신문*i*
기획제작 | (주)두드림미디어
책임편집 | 배성분   디자인 | 얼앤똘비악earl_tolbiac@naver.com

주소 | 서울특별시 중구 청파로 463
기획출판팀 | 02-333-3577
E-mail | dodreamedia@naver.com
등록 | 제 2-315(1967. 5. 15)

ISBN 978-89-475-4665-2 (03590)